FAO中文出版计划项目丛书

2020年亚洲及太平洋区域粮食安全和营养概况

——以改善孕产妇和儿童饮食营养为核心

联合国粮食及农业组织
世界粮食计划署
世界卫生组织　　编著
联合国儿童基金会

宋雨星　逯汉宁　郭利磊　等　译

中国农业出版社
联合国粮食及农业组织
世界粮食计划署
世界卫生组织
联合国儿童基金会
2022 · 北京

引用格式要求：

粮农组织、中国农业出版社、联合国儿童基金会、世界粮食计划署和世界卫生组织。2022年。《2020年亚洲及太平洋区域粮食安全和营养概况——以改善孕产妇和儿童饮食营养为核心》。中国北京。

03-CPP2021

本出版物原版为英文，即 *Asia and the Pacific Regional Overview of Food Security and Natrition 2020: Maternal and child diets at the heart of improving nutrition*，由联合国粮食及农业组织于2021年出版。此中文翻译由农业农村部国际交流服务中心安排并对翻译的准确性及质量负全部责任。如有出入，应以英文原版为准。

FAO中文出版计划项目丛书

指 导 委 员 会

FAO中文出版计划项目丛书

译审委员会

本书译审名单

　　本书是联合国各机构联合撰写的关于可持续发展目标"零饥饿"目标和世界卫生大会2030年营养目标进展情况的第三份年度报告。可持续发展目标启动五年来，诸多关键指标仍然进展缓慢甚至毫无进展。亚洲及太平洋区域（简称"亚太地区"）作为占全球人口比重最大的区域，粮食安全与营养问题十分重要。截至目前，该地区仍有3.51亿人营养不良，占全球总数（6.88亿人）的一半以上，这意味着大量人口需要在未来十年摆脱粮食安全和营养不良问题，加之新冠肺炎疫情（Covid-19）大流行也将进一步阻碍该进程。

　　尽管描述幼儿发育迟缓和消瘦情况的曲线趋势表明在实现2030年目标方面已取得了一定进展，但该区域许多国家的幼儿发育迟缓和消瘦水平仍然高得令人无法接受。与此同时，成人和儿童超重和肥胖症的发病率不断攀升，这一点也令人极为担忧。导致以上营养问题的关键因素之一是健康饮食的高成本，该地区健康饮食成本是满足温饱成本的2～9倍。对于亚太地区近19亿人口而言，依然难以负担健康饮食成本。由此，改善饮食质量与摄入量十分必要，对于幼儿、母亲以及最脆弱的社区成员而言，饮食质量与摄入量改善尤其重要。鉴于儿童非健康饮食会对其身体和认知发育产生永久性影响，改善母亲和5岁以下儿童饮食的干预措施至关重要。归结而言，健康的人口是经济发展和实现"零饥饿"的关键。

　　本书第一部分介绍了第二项可持续发展目标主要指标和世界卫生大会2019年目标的进展情况。尽管新冠肺炎疫情的大流行对实现以上目标的影响尚不完全清楚，但人们依然越来越担心新冠肺炎疫情大流行将会抹去之前取得的诸多成果。数据显示，多达1.3亿人面临严重粮食不安全风险，其中亚太地区多达2 400万人。在全球范围内，预计5岁以下营养不良儿童将新增670万人，据估计逾380万人居于南亚。这种恶化是基于粮食安全和营养既有差距上出现的，当前迫切需要利益攸关方共同努力，以全方位的方式加以解决。

　　本书第二部分着重讨论了改善亚太地区孕产妇和儿童饮食的挑战及解决方案。仅能满足能量消耗的饮食并不够，因为此类饮食缺乏重要的常量微量营养元素且不满足饮食多样性需求。因此，促进健康饮食、施策让贫困和弱势群体负担得起健康饮食，对其社会未来的生产力至关重要。为实现亚太地区母亲和儿童健康饮食全覆盖，本书建议采取体系融合方式，将粮食、水和卫生、健康、社会保护和教育体系结合起来，可持续地解决影响饮食问题的原因和诱因。本书还介绍了该区域大有可为的经验案例，并阐释了如何通过多部门和体系分析，将这些经验融入政策与实践。此外，本书也强调了新冠肺炎疫情对上述五个连锁体系的影响，以帮助减轻新冠肺炎疫情对粮食安全和营养的影响。

相信本书将有效提高人们对孕产妇和儿童饮食对每个人健康和福祉重要性的认知，也为在整个亚太地区形成政策与实践对话提供有力支持，以实现人人享有粮食安全和营养的目标。

Jong-Jin Kim
联合国粮食及农业
组织助理总干事兼
亚太地区代表

Karin Hulshof
联合国儿童基金会
东北和太平洋区域
主任

Jean Gough
联合国儿童基金会
南亚区域主任

John Aylieff
世界粮食计划署
亚太地区主任

Takeshi Kasai
世界卫生组织
西太平洋区域主任

Poonam Khetrapal
Singh
世界卫生组织
东南亚区域主任

ACKNOWLEDGEMENTS 致　谢

　　本报告由联合国粮食及农业组织亚太地区办事处（FAORAP）、联合国儿童基金会东亚和太平洋区域办事处（UNICEF EAPRO）、儿童基金会南亚区域办事处（UNICEF ROSA）、曼谷世界粮食计划署亚太地区局（WFP RBB）、世界卫生组织东南亚区域办事处（WHO SEARO）以及世界卫生组织西太平洋区域办事处（WHO WPRO）联合编写。

　　在联合国粮食及农业组织亚太地区办事处Jong-Jin Kim、儿童基金会南亚区域办事处Jean Gough、联合国儿童基金会东亚和太平洋区域办事处Karin Hulshof、曼谷世界粮食计划署亚太地区局John Aylieff、世界卫生组织西太平洋区域办事处Takeshi Kasai及世界卫生组织东南亚区域办事处Poonam Khetrapal Singh的全面领导下，联合国粮食及农业组织亚太地区办事处David Dawe、Silke Pietzsch会同联合国儿童基金会东亚和太平洋区域办事处Elizabeth Drummond、儿童基金会南亚区域办事处Zivai Murira、曼谷世界粮食计划署亚太地区局Britta Schumacher、世界卫生组织东南亚区域办事处Angela de Silva和卫生组织西太平洋区域办事处Juliawati Untoro共同承担了本书的技术协调工作。

　　除上述人员外，联合国粮食及农业组织亚太地区办事处Rosemary Kafa和Warren Lee以及曼谷世界粮食计划署亚太地区局Anusara Singhkumarwong作为本书的核心编写小组成员也做出了积极贡献。来自联合国粮食及农业组织亚太地区办事处的Anthony Bennett、Katinka Debalogh、Sridhar Dharmapuri、Eva Galvez Nogales和来自联合国儿童基金会东亚和太平洋区域办事处的Rachel Pickel、老挝儿童基金会（UNICEF Lao PDR）的Prosper Dakurah以及来自曼谷世界粮食计划署亚太地区局的Noor Aboobacker、Arvind Betigeri、Nicolas Bidault、Nadya Frank、James Kingori、Aphitchaya Nguanbanchong和Yingci Sun等人均为本书提供了必要的补充资料，联合国粮食及农业组织亚太地区办事处Liu Tianyi为本书提供了系列图表准备及参考文献管理。

　　来自联合国粮食及农业组织总部的Giovanni Carrasco Azzini、Carlo Cafiero、Marco Sánchez Cantillo、Valentina Conti、Cristina Coslet、Máximo Torero Cullen、Juan Feng、Alejandro Grinsprun、Jim Hancock、Cindy

Holleman、Elizabeth Koechlein、Maria Antonia Tuazon和来自联合国世界粮食计划署总部的 Janosch Klemm、Frances Knight 和 Pierre Momcilovic 也对本书提出了宝贵的意见和建议。

在联合国粮食及农业组织总部Jessica Matthewson及其他同事的鼎力支持下，Kanokporn Chansomritkul、Allan Dow、Liu Tianyi、Rachel Oriente等人在联合国粮食及农业组织亚太地区办事处承担了本书出版过程中的协调工作，Robert Horn 承担了本书的编辑工作，使本书更加清晰并更加易于读者阅读。

本书的文字编辑、校对和排版工作由位于曼谷的QUO Global公司承担。

ACRONYMS AND ABBREVIATIONS | 缩略语和缩写 |

ADS	农业发展战略	FFR	强化米
AEZ	农业生态区	FIES	粮食不安全体验量表
AKU	阿迦汗大学	FNG	填补营养缺口
ANC	产前保健	GDP	国内生产总值
ASF	动物源食品	GHG	温室气体
BCC	行为改变沟通	HB	血红蛋白
BDT	孟加拉国塔卡	HFSS	高脂肪、高盐、高糖
BISP	贝娜齐尔收入支持计划	HMIS	健康管理信息系统
BMI	体重指数	IBFAN	国际婴儿食品协作网络
BMS	母乳替代品	ICDDR，B	孟加拉国国际腹泻病研究中心
CCT	有条件现金转移支付		
CCT	儿童现金转移支付	ICP	世界银行国际比较项目
CDR	老挝发展研究中心	IFA	叶酸铁
CM	儿童补助金	IFPRI	国际食物政策研究所
CODEX	食品法典委员会	IQR	四分位距
COVID-19	新冠肺炎	IYCF	婴幼儿喂养
CPI	消费者价格指数	LANSA	在南亚利用农业促进营养
DHS	地区健康调查	LKR	斯里兰卡卢比
DPR	朝鲜	LMA	哺乳期母亲津贴
EA	东亚	LNS	基于脂质的营养补充剂
EAP	东亚与太平洋地区	MA	产妇津贴
EBF	纯母乳喂养	MAD	最低可接受饮食
ECHO	防止儿童肥胖	MCBP	母婴福利计划
EE	环境肠病	MCCT	母婴现金转移支付
FAO	联合国粮食及农业组织	MDD	最低膳食多样性
FBDG	基于食物膳食指南	MDGs	千年发展目标
FBF	强化混合食品	MICS	多指标聚类调查
FCHV	女性社区卫生志愿者	MM	多种微量元素

MMF	最低进餐频率	SA	南亚
MMK	缅元	SBCC	社会行为改变沟通
MNP	微量营养素粉	SEA	东南亚
MNT	蒙古语 Tögrög	SEAR	东南亚地区
MoALI	农业、畜牧业和灌溉部	SDGs	可持续发展目标
MoWCA	妇女儿童事务部	SHN	学校健康和营养
MS-NPAN	多部门国家营养行动计划	SNF	专攻营养食品
NCDs	非传染性疾病	SOFI	《粮食安全和营养状况》
NGO	非政府组织	SP	社会保障
NFHS	全国家庭与健康调查	SSB	含糖饮料
NHPSP	国家健康促进战略计划	TFAs	反式脂肪酸
NIPN	国家营养信息平台	THB	泰铢
NSFSSPA	国家学校体育和体育活动战略框架	UHC	全民医疗保险
		UN	联合国
PDS	公共分配系统	UNICEF	联合国儿童基金会
PDR	老挝	USD	美元
PKH	希望家庭计划（印度尼西亚有条件现金转移支付计划）	VGD	弱势群体发展
		WASH	水、环境卫生和个人卫生
PKR	巴基斯坦卢比	WB	世界银行
PLW	孕妇和哺乳期妇女	WFP	世界粮食计划署
PNC	产后护理	WHA	世界卫生大会
POU	营养不良患病率	WHO	世界卫生组织
PPP	购买力平价	WRA	育龄妇女
REFANI	粮食援助对营养影响的研究	WPR	西太平洋地区

KEY MESSAGES | 关键信息 |

→ 实现可持续发展目标——粮食安全和营养进程已经放缓，且亚太地区还未走上实现2030年目标的轨道。据估计，2019年亚太地区约有3.506亿人营养不良，约占全球总数的51%。在亚太地区，约有7 450万名5岁以下儿童发育不良，共有3 150万名儿童消瘦，其中大多数发生在南亚，约有5 590万名儿童发育不良，2 520万名儿童消瘦。这一群体中的大多数儿童生活在南亚，包括5 590万名发育不良儿童和2 520万名消瘦儿童。各国政府和合作伙伴需要增加投入，协调努力，实施循证政策和方案，以加快实现可持续发展目标。

→ 新冠肺炎疫情——其对粮食安全和营养的真正影响还有待确定，但该区域需要更好地筹备培养抵御未来灾害和流行病的能力。虽然新冠肺炎疫情的影响程度仍有待评估，但据估计，5岁以下儿童的中度或重度消瘦患病率将增加14.3%，相当于增加670万名儿童。据估计，这些儿童中有一半以上(57.6%)生活在南亚。据全球估计预测，由于这一大流行病，2020年将有额外1.4亿人陷入极端贫困，到2020年底，面临严重粮食不安全的人数将增加近1倍，达到2.65亿人。我们应从新冠肺炎大流行中吸取教训：我们需要采取全面联合行动，以提高粮食生产能力，保障收入，确保卫生服务的可获得性，并增加社会转移支付。为加强抵御未来灾害和流行病的能力，各国政府需要加强对备灾、预警和应对体系的投资。

→ 负担能力——在确保所有人，尤其是母亲和儿童的粮食安全和营养时，健康饮食的成本至关重要。基本食品价格和可支配收入决定着每个家庭对食品和饮食摄入的投入。健康饮食的成本明显高于能量充足的饮食，这表明粮食体系在以负担得起的价格向所有人提供营养食品方面存在重大差距。在该区域，由于水果、蔬菜和奶制品价格高昂，19亿人无法负担健康饮食，使穷人无法实现健康饮食。有必要采取综合办法和政策，解决粮食供应和获取问题，以降低健康饮食的成本，克服负担不起的问题，并确保孕产妇和儿童的健康饮食。

→ 数据——数据的可用性和及时性仍是衡量成绩和记录证据的关键制约因素。该区域各国在原始数据可用性和质量方面的差异限制了对可持续发展目标成就的最佳理解。各国政府需要致力于收集定期的、以家庭为基础的原始数据，保证数据质量和及时性，确保"正确"指标的精准，以支持进展情况评估，并为制定政策和干预措施提供信息。不同部委之间的联合数据管理可以提高数据和信息管理系统的效率和效力。此外，投资于初级数据收集，特别是用于衡量新冠肺炎对亚太地区粮食安全和营养的影响，也是至关重要的。

➔ 母婴饮食——全球已就用综合协调体系方法解决孕产妇和儿童饮食问题的重要性达成共识。母亲和幼儿是人口中最脆弱的成员，因为他们的营养需求高，更容易出现营养不良。在怀孕前、怀孕、产后和婴幼儿（6～23个月）等关键生命阶段，最佳饮食和喂养方法至关重要，以确保充分满足生长发育的营养需求。改善孕产妇和儿童饮食需要采取多体系对策，让粮食、水和环境卫生、保健、社会保护和教育体系的机构和行为体参与进来并进行协调，共同创造有利于健康饮食的环境。在这些体系中纳入以健康饮食和营养为重点的社会行为改变沟通（SBCC），将使健康行为和护理人员的知识得到更多和持续的进步。

➔ 粮食体系——健康饮食、可持续粮食生产及粮食体系多样化对孕产妇和儿童的饮食健康至关重要。粮食体系在实现人人享有粮食和营养安全方面发挥着关键作用。一个可持续的、对营养敏感的食品体系对于生产健康饮食所需的多样化和营养丰富的食品至关重要。价值链的效率和生产力提高可以降低基本食品的成本，使基本食品更加负担得起。私营部门在支持粮食体系及其价值链转型以实现健康饮食方面可以发挥重要作用。各国政府需要对新鲜食品和街头食品市场的营养和食品安全进行投资，以促进健康饮食。对消费者（特别是儿童）食品的销售和营销进行监管，对于遏制亚太地区的超重、肥胖和非传染性疾病非常重要。

➔ 水、环境卫生和个人卫生体系——在家庭和社区营造卫生环境、推广卫生实践和保证安全的食品制备、储存和喂养都十分重要。政策必须针对最脆弱的家庭——农村贫困人口和城市贫民窟居民，以确保他们获得清洁饮用水和卫生设施。将营养和讲卫生运动以及社会行为改变宣传活动结合起来，是促进母亲和幼儿健康饮食的关键，特别注重环境卫生、洗手、食品安全和安全的婴幼儿喂养做法。

➔ 保健体系——支持有利环境对于改善孕产妇和儿童饮食至关重要，但并不足以确保大规模有效地实施干预措施。需要投入更多精力实施国家层面的政策和计划，以改善为孕产妇和儿童饮食和营养成果提供的保健服务。应优先提供改善孕产妇和幼儿饮食的服务，作为解决营养不足和营养过剩问题以及实现全民医疗保险覆盖所需的一揽子基本保健服务的一部分。需要采取加强保健体系的办法，以持续改善服务的提供、质量和覆盖面，加强问责制，并根据国情跟踪改善孕产妇和幼儿饮食的进展情况。

➔ 社会保障制度体系——对于减少贫穷和饥饿、补贴家庭收入以及促进更好的粮食安全和营养至关重要。尽管有越来越多的证据表明社会保障对粮食和营养安全的影响，但亚太地区各国在社会保障，特别是应对冲击的社会保障方面的投入仍然不足。社会保障可以保障和稳定收入，以便在灾害和危机期间获得健康饮食。亚太地区至少有9个国家的政府在其社会保障制度中设立了有针对性的母亲和儿童新冠肺炎保障制度。社会保障对改善亚太地区孕产妇和儿童饮食状况有效性的详细记录，还需要进一步的研究和证据。

➔ 教育体系——以支持个人的健康饮食习惯和态度，建设健康且富有成效的社会。教育体系提供了一个向儿童和青少年传授健康食品选择和健康饮食的平台。在学校食用营养餐，在健康的学校环境中学习，为学生建立终身谨慎的饮食习惯和健康的生活方式提供了宝贵的学习经验。

简　介 | INTRODUCTION

　　世界和亚太地区致力于按照2030年可持续发展目标和2025年世界卫生大会目标的规定，消除一切形式的营养不良，实现零饥饿。本书由联合国四个机构的区域办事处联合编写，讨论了亚太地区与实现可持续发展目标2中的饥饿、粮食安全和营养目标以及世界卫生大会营养目标有关的最新进展。

　　第一部分：2020年亚太地区粮食安全和营养概览部分对区域和国家层面实现2030年目标的潜力进行了预测。总体而言，选定的指标着眼于营养不良、粮食不安全、儿童发育迟缓、消瘦和超重、成人超重、儿童最低可接受饮食、纯母乳喂养和持续母乳喂养以及妇女和儿童贫血。本书尽可能采用区域/次区域和国家一级提供的数据。在条件允许情况下，本书更多使用数据来分析比较城市与农村的环境、性别等相关指标，从而展示实现可持续发展目标复杂性的差异。

　　第二部分：通过体系方法的视角重点介绍了孕产妇和儿童的饮食，通过重点关注粮食、健康、水、环境卫生和个人卫生（WASH）、教育和社会保护体系，阐述了对健康和营养饮食至关重要的各种体系。本书还介绍了亚太地区的一些案例研究和实例，以说明体系方法对孕产妇和儿童饮食的重要性，并分享各国政府在解决零饥饿和营养不良问题方面的成功经验。

CONTENTS **|目 录|**

第一部分

亚太地区在实现可持续发展目标2及健康饮食方面的进展监测

1.1　导论

　　2015年，在千年发展目标（Millennium Development Goals，MDGs）接近尾声之际，联合国（United Nations，UN）及其成员国选择继续为建设更美好的世界而努力。他们承诺实现一系列新的、雄心勃勃的可持续发展目标（Sustainable Development Goals，SDGs）。制定这些目标是为了让各国政府及其公共和私营发展伙伴对其为本国人民创造一个更可持续、更平等和更安全的世界所采取的行动负责。可持续发展目标2——零饥饿——是建设一个更加美好的新世界的基础。其目标侧重于消除饥饿，确保到2030年人人都能获得安全和营养丰富的食物（目标2.1），到2025年消除一切形式的营养不良（目标2.2）[1]。此外，世界卫生大会（World Health Assembly，WHA）制定的2025年目标也要求各国为减少营养不良水平负责[2]（插文1）。

插文1　可持续发展目标2和世界卫生大会的选定目标

a. 可持续发展目标2030：

▶ 目标2.1：到2030年，消除饥饿，确保所有人（特别是穷人和弱势群体及婴儿）全年都能获得安全、营养和充足的食物。

▶ 目标2.2：到2030年，消除一切形式的营养不良。其中包括：2025年实现国际商定的关于消除5岁以下儿童发育迟缓和消瘦的目标，以及解决少女、孕妇和哺乳妇女以及老年人的营养需求。

b. 世界卫生大会2025年目标：

▶ 发育不良：5岁以下儿童发育不良人数减少40%；

▶ 浪费：将儿童时期的浪费减少并保持在5%以下；
▶ 母乳喂养：将前6个月的纯母乳喂养率提高到至少50%；
▶ 贫血：育龄妇女贫血减少50%；
▶ 低出生体重：低出生体重减少30%；
▶ 儿童超重：儿童超重不增加。

插文2 基于新冠肺炎疫情的公平性[3]

病毒对每个人来说是不平等的。营养不良的人免疫系统较弱，而且可能因新冠肺炎疫情患上严重疾病的风险更高。健康状况不佳，包括超重和非传染性疾病，与更严重的新冠肺炎疫情结果密切相关。新冠肺炎疫情和封锁的影响尤其使已经受到不平等后果影响的最弱势群体面临更多风险。这些弱势群体包括穷人、妇女和儿童、慢性病患者和老年人、生活在脆弱国家或受冲突影响国家的人、少数民族、难民和没有住房的人。良好的营养、个人和社区营养以及粮食安全是抵御病毒的关键。积极应对新冠肺炎疫情至关重要，包括对最弱势群体的保护。

联合国使用十个指标来衡量和跟踪可持续发展目标2的全球进展。其中五个指标是可持续发展目标监测框架的组成部分，有助于开展年度报告和进展情况评估。在这五项指标中，有两项衡量了实现可持续发展目标2中具体目标2.1的进展情况——营养不良发生率（目标2.1.1）和粮食不安全发生率（目标2.1.2）指标。另外三个目标衡量可持续发展目标2中具体目标2.2的推进情况：发育迟缓发生率（目标2.2.1）、5岁以下儿童消瘦和超重的发生率（均包括在目标2.2.2下）和15～49岁妇女贫血的发生率（目标2.2.3）。其余5个指标评价实现世界卫生大会关于育龄妇女贫血发生率、低出生体重发生率、纯母乳喂养发生率和成人肥胖发生率的2030年营养目标的进展情况。[4]

除这些指标外，第1部分还提供了与饮食质量相关的其他分析，并在可能的情况下，分析了城市和农村地区营养状况比较的指标。并非所有国家都收集这些指标的年度数据，收集的数据并不总是高质量的。许多国家利用多指标类集调查（Multi-Indicator Cluster Survey，MICS）或人口健康调查（Demographic Health Survey，DHS），每三年收集一次营养数据。另一些只收集营养数据，作为每十年进行一次的全国人口普查的一部分。在数据收集过程中很少考虑季节性，而且经常使用现有的主要数据多次为新的估计建模。

数据收集方法、时间框架和规律因国而异，甚至同一国家的数据收集周期也各不相同。这些数据问题仍然是准确评估这方面进展、可持续发展目标和世界卫生大会具体目标的根本限制（插文8）。

本报告第1部分提供的数据最新到2019年，即新冠肺炎疫情时代之前的数据。疫情导致世界各国经济放缓和衰退，粮食安全和营养状况进一步恶化[5]，从历史上看，这导致了粮食不安全和营养不良加剧[6]。失业减少了许多人的收入和获得食物的机会，尤其是营养食物，特别是穷人和弱势群体（插文2）。

1.2　营养不良情况

联合国粮农组织的最新评估显示，亚太地区的营养不良人口为3.506亿。这一数字非常高，约占全球6.878亿人总数的51%。2019年，南亚的营养不良人口数量最多（2.573亿）[7]，其次是东南亚（6 470万）[8]、大洋洲（240万）[9]和东亚（微乎其微）[10]。

从2011年到2019年，占全球人口20%左右的中国显著减少了其营养不良人口数量（插文3和图1-1）。自2000年以来，我们对中国的营养不良估计数进行了修订，从而使东亚的营养不良人数显著下降。尽管如此，本报告以往版本报告的趋势仍然存在——亚太地区在减少营养不良人口总数方面取得了重大进展：2009—2019年下降了18%，2000—2019年下降了30.7%（图1-2）。

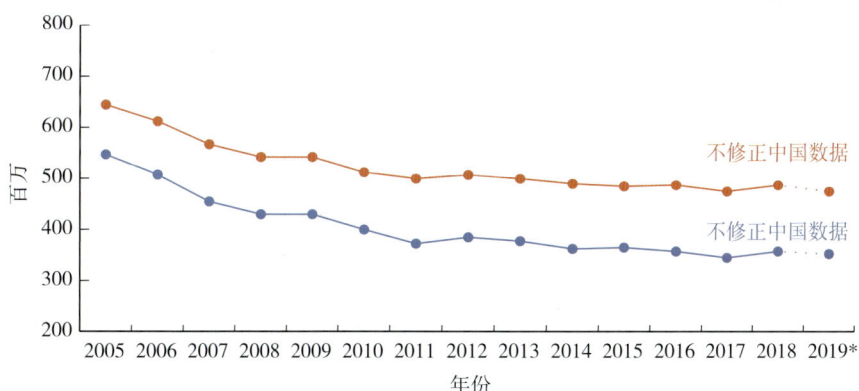

图1-1　亚太地区营养不良人口的数量（包括是否修正中国的数据）

注：＊表示预测值。

资料来源：FAO。

插文3　对中国的最新评估提高了区域饥饿评估的准确性[11]

修订参数以估计营养不良发生率（Prevalence of Undernourishment, PoU）为标准程序，每年在获得更多数据后进行。正如前几版全球报告所强调的那样，利用最近的数据来修正中国食品消费不平等的参数一直存在问题。然而，2020年的更新内容非常丰富，包括为包含中国在内的各国计算这一关键参数的新数据来源，以及为保持一致性对2000年以来的整个数据系列进行了修订（详情请参阅《2020年全球SOFI报告》，专栏1）。鉴于中国拥有世界1/5的人口，任何对中国参数的更新，预计都将对地区乃至全球的估计产生重大影响。

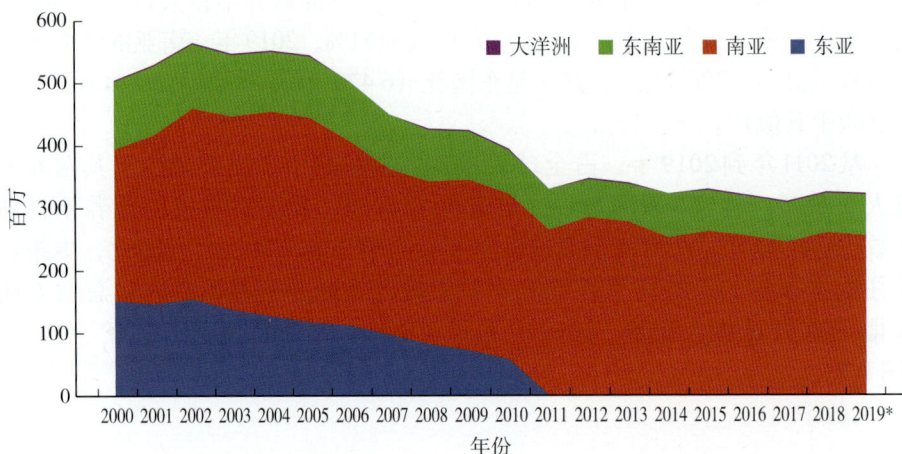

图1-2　2000—2019年按次区域分列的亚洲及太平洋地区营养不良人数

注：*表示预测值，"亚洲及大洋洲"是指东亚、南亚、东南亚及大洋洲之和。它不包括中亚和西亚。东亚2010年以后的估计PoU低于人口的2.5%，这是使PoU方法可以准确报告的最低值。左轴属于除大洋洲外的所有系列。

资料来源：FAO。

经过这些修正，中国2011—2019年的估计营养不良发生率低于全国人口的2.5%，这是使用营养不良发生率的方法能够准确报告的最低值。如果不进行修正，2019年的估计将接近9%。对中国数据系列的修正产生了一个新的数据系列，用于估计该地区和世界的营养不良发生率和营养不良人口数量，现在这些数据比过去更加准确。结果，如图1-1所示，整个区域饥饿数据系列出现了大幅下降（见全球报告中类似的全球估计图表）。尽管出现了这一变化，但修订后的报告验证了过去版本中报告的趋势：该地区受饥饿影响的人数自2011年以来下降缓慢，相比之下，2005—2011年期间的下降速度更快。

2019年，亚太地区的营养不良发生率为8.2%。在这些次区域中，南亚的发生率最高，其次是东南亚、大洋洲和东亚（根据获得的中国的最新数据，东亚的数字被下调，见插文3）。营养不良发生率最高的国家分布在整个区域（图1-3）。

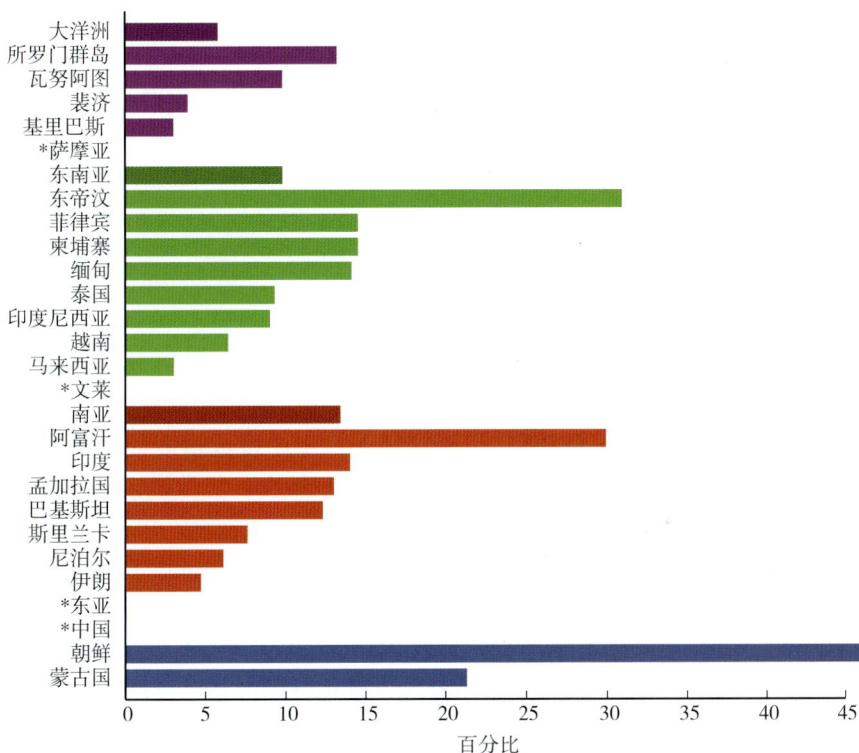

图1-3　2017—2019年亚洲及太平洋地区按国家和次区域分列的营养不良发生率

注：*文莱、中国、萨摩亚和东亚的营养不良发生率不到2.5%。
资料来源：FAO。

在2002—2017年期间，三个亚洲次区域的发生率均下降了逾7个百分点，尽管大洋洲的发生率在此期间略有上升。在过去三年中，营养不良的发生率在所有分区域基本上是最低的（图1-4）。

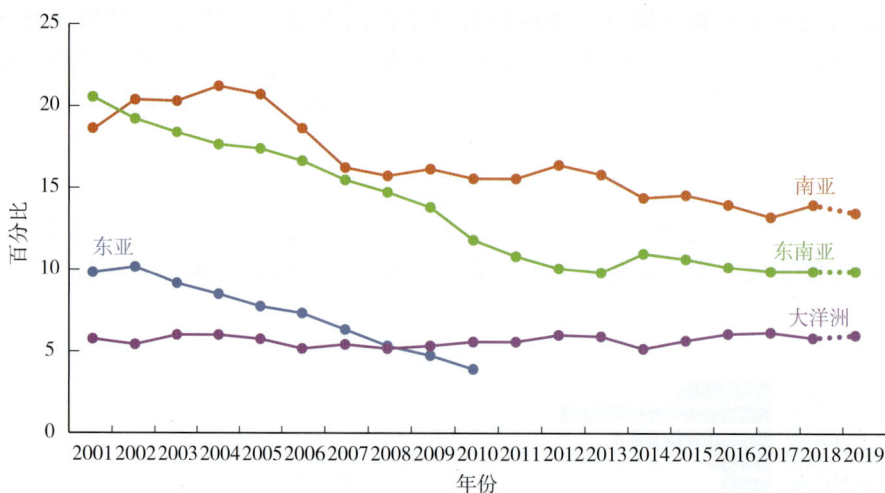

图1-4　2001—2019年按区域划分的亚洲及太平洋地区营养不良发生率趋势

注：到2011年，东亚地区的营养不良估计数已降至2.5%以下，因此没有显示。
资料来源：FAO。

1.3　粮食不安全情况

粮食不安全体验量表（FIES）用于评估人口中中度或重度粮食不安全的普遍程度。经历严重粮食不安全的人们可能会耗尽粮食、导致饥饿，在极端情况下，他们会连续数日没有食物。

中度粮食不安全的人在粮食获取渠道和可获得性方面面临不确定性，在一年中有时会被迫降低其所消费粮食的质量和数量。

据联合国粮食及农业组织估计，2019年，该地区9.2%的人口经历了严重的粮食不安全[12]，22%的人口经历了中度或严重粮食不安全。这些数据与2018年类似。在区域一级，亚太地区的发生率低于非洲、近东和北非以及拉丁美洲和加勒比地区。在亚太次区域中，南亚严重粮食不安全、中度或严重粮食不安全的比例最高。 南亚人口基数大，有6.92亿人处于中等或严重的粮食不安全状态。

南亚和大洋洲（澳大利亚和新西兰是大洋洲仅有的两个有FIES数据的国家）是过去两年粮食不安全状况呈上升趋势的两个次区域（图1-5）。

据估计，亚太地区有9.45亿人正面临中度或重度粮食不安全，其中3.97亿人面临严重粮食不安全。绝大多数严重缺乏食物安全感的人（86%）生活在南亚，自2016年以来保持持续上升的趋势（图1-6）。全世界超过53%的严重饥饿人群生活在亚太地区，这使得该地区拥有最大的"严重"和"中度或严重"的饥饿人群数量。

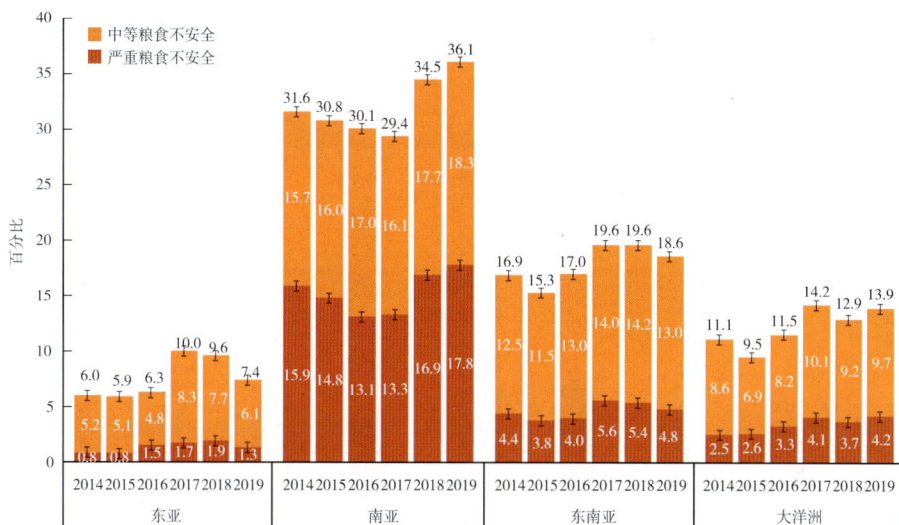

图1-5 2014—2019年亚洲及太平洋次区域粮食不安全情况

资料来源：FAO。

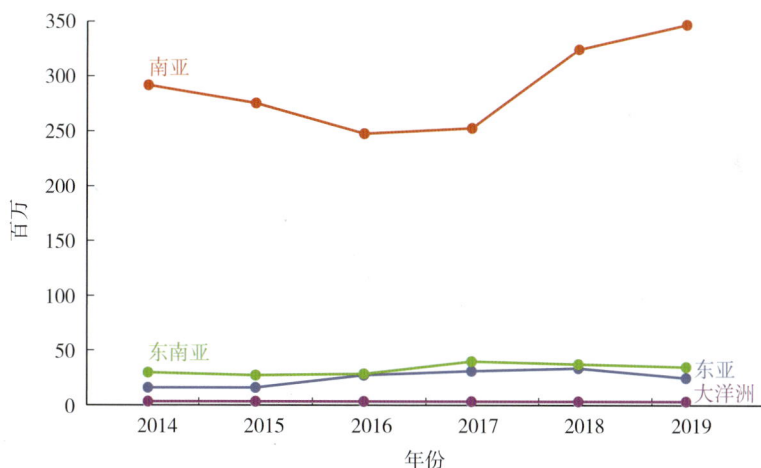

图1-6 2014—2019年亚太地区分区域的严重粮食不安全趋势

资料来源：FAO。

鉴于这些评估数据是在新冠肺炎疫情之前整理的，由于该疫情的大流行，现在的数字可能更高。

按性别分析粮食不安全体验量表数据显示了亚太地区中四个分区域的不同特点。在南亚，女性严重粮食不安全的发生率远远高于成年男性。东亚和东南亚的情况正好相反，那里男性的粮食不安全状况略高于女性。大洋洲在严重粮食不安全问题上性别差异不大。南亚在严重粮食不安全方面的性别差异比其他两个分区域更大（图1-7）。

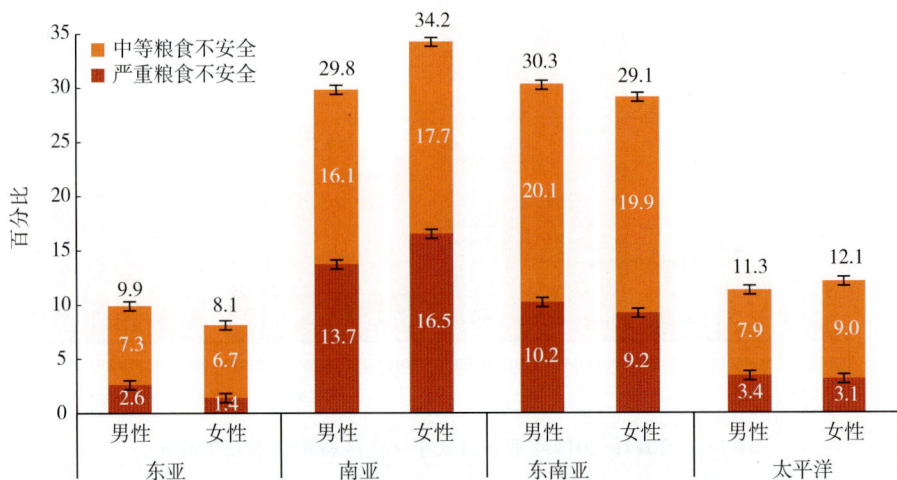

图1-7　2017—2019年亚洲及太平洋地区按次区域和性别划分的
"严重"和"中度或严重"粮食不安全的平均发生率

资料来源：FAO。

插文4　新型冠状病毒病对粮食安全和营养的影响评估[13]

2019年新冠肺炎疫情对经济、粮食和保健体系造成的破坏预计将对各种形式的营养不良产生影响。国际粮食政策研究所（IFPRI）的估计表明，由于新冠肺炎疫情大流行，2020年将再增加1.4亿人陷入极端贫困[14]。联合国粮食及农业组织估计，假设受新冠肺炎疫情相关经济衰退的影响，全球GDP下降10%，全球营养不良人口数量可能增加1.32亿[15]。根据世界粮食计划署的数据，到2020年底，亚太地区面临严重粮食不安全的人数将增加近1倍，达到2.65亿。在新冠疫情初期，联合国儿童基金会估计，基本营养服务的覆盖范围总体减少了30%，在封锁情况下达到75%～100%。进一步的评估结果显示将有670万儿童发生消瘦，其中57.6%的儿童生活在南亚。缺乏应对新冠肺炎疫情的行动，将对早期生命营养产生深刻影响，可能对儿童生长和发育产生代际影响，对教育、慢性疾病风险和整体人力资本形成产生终身影响。

1.4　5岁以下发育不良儿童情况

南亚一半的儿童和东亚及太平洋地区（包括东南亚）1/5的儿童生长不良（包括发育不良、消瘦或超重，或以上三种情况的某种组合，图1-8）。这意味着他们遭受着发育不良、消瘦或超重的折磨，在某些情况下，他们还承受着营养不良的双重负担。发育不良的儿童不能充分发挥他们的发展潜力。他们患疾病的风险更高，认知和身体发育下降，这可能会影响他们的学习、未来的经济生产力、收入潜力和社会技能。

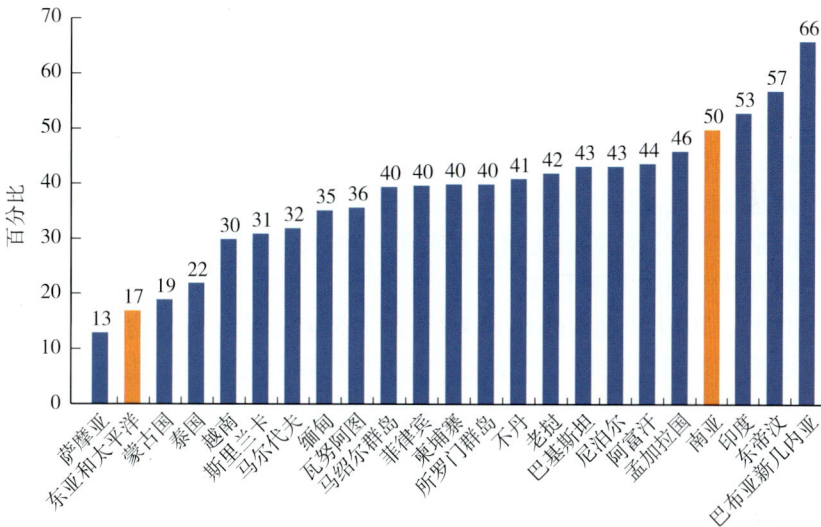

图1-8　亚洲及太平洋地区5岁以下发育不良儿童的百分比（发育不良、消瘦或超重）

资料来源：联合国儿童基金会（UNICEF）. 2019. *The State of the World's Children 2019, Children, food and Nutrition Growing well in a changing world* [online]. New York. [Cited 09 November 2020]. https://www.unicef.org/media/60826/file/SOWC-2019-EAP.pdf; UNICEF. 2020. *UNICEF Data: Monitoring the situation of children and women* [online]. New York. [Cited 09 November 2020]. https://data.unicef.org/.

这些儿童在以后的生活中罹患与饮食有关的非传染性疾病（non-communicable diseases，NCDs）的风险增加，如心血管疾病、糖尿病、慢性呼吸道疾病和癌症。个人成长不良的后果可能对一个国家的人力和经济发展造成巨大影响。例如，为减少发育不良而设计的营养干预措施的效益与成本比估计为每投入1美元，经济回报为16美元[16]。

有证据表明，由于总体经济增长，获得保健服务和食物的机会增加，今天的儿童存活率比以往任何时候都要高。然而，在整个亚太地区，有太多的儿童无法茁壮成长，并继续遭受多种形式的营养不良。

营养不良的三重负担——营养不足、微营养素缺乏、超重及其相关的非传染性疾病——具有多重驱动因素。这些驱动因素包括孕期和哺乳期母亲营养不足、婴幼儿时期营养不良的饮食消费以及不断变化的粮食体系。这些新的食品体系使人们越来越多地接触到廉价、方便的含糖饮料和高盐、高糖、高反式脂肪，但缺乏必要营养素的食品[17]。潜在的因素包括恶劣的环境卫生和个人卫生习惯、水质、不适当的护理习惯，以及社会文化因素、不公平和贫穷[18]。

1.5　5岁以下发育迟缓儿童情况

发育迟缓是一种营养失调症，是儿童在身高方面无法达到遗传潜能的症状。因此，发育不良的儿童比他们的潜能身高要矮。发育迟缓是慢性营养不良、反复感染以及不适当的儿童保育和喂养做法所造成的不可逆转的身体和认知损害的累积效应。改善妇女和儿童在头1 000天（从怀孕到出生后的头两年）内的营养有助于预防发育不良。

据估计，2019年亚太地区有7 450万名5岁以下儿童发育迟缓[19]，占全球1.44亿发育迟缓儿童的一半以上。南亚是世界上发育迟缓儿童最多的次区域，有5 590万名发育迟缓儿童，占全球发育迟缓儿童的1/3以上。14个国家的发生率非常高，有30%以上的儿童发育不良，而只有7个国家的发生率较低（10%）（图1-9）。

自2000年以来，亚太地区已将发育不良儿童的数量减少了43%，其中南亚的减少幅度最大。然而，在《全球营养报告》监测的该区域37个国家中，只有5个国家有望实现减少发育迟缓的目标（图1-10）[20]。

在整个亚太地区，最贫穷的五分位组中发育迟缓的发生率最高，最富有的五分位组中发生率最低。发育迟缓流行率方面的不平等反映出获得保健和基本服务的机会不成比例。不公平还突出了营养食品的获取、可负担性和可获得性、知识、态度和做法方面的差距，以及儿童营养不良的代际影响。与营养良好的同龄人相比，以前营养不良的母亲更有可能生出发育不良的孩子。在孟加拉国、柬埔寨、老挝、瓦努阿图和缅甸，最贫穷的1/5超过了世界卫生组织儿童发育迟缓"非常高"的临界值，而最富裕的1/5则低于"中等"临界值。

最贫穷和最脆弱的人群仍然承受着儿童发育迟缓最大的负担（图1-11）。

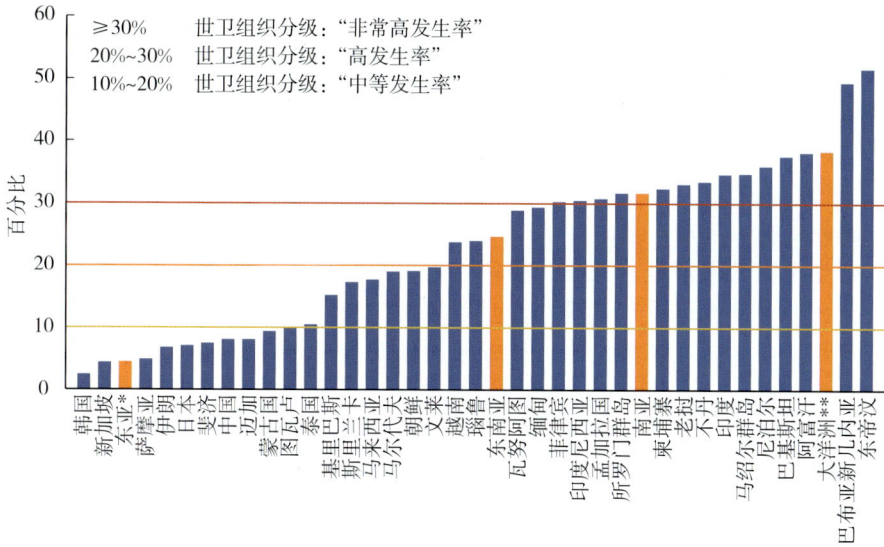

图1-9　基于最新数据亚洲及太平洋地区5岁以下儿童
发育迟缓发生率（不同国家或地区间）

注：*5岁以下发育不良地区合计不包括日本。**大洋洲，不包括澳大利亚和新西兰。

资料来源：United Nations Children's Fund (UNICEF), World Health Organization (WHO) and World Bank Group. 2020. *Joint Child Malnutrition Estimates Expanded Database: Stunting*. New York.

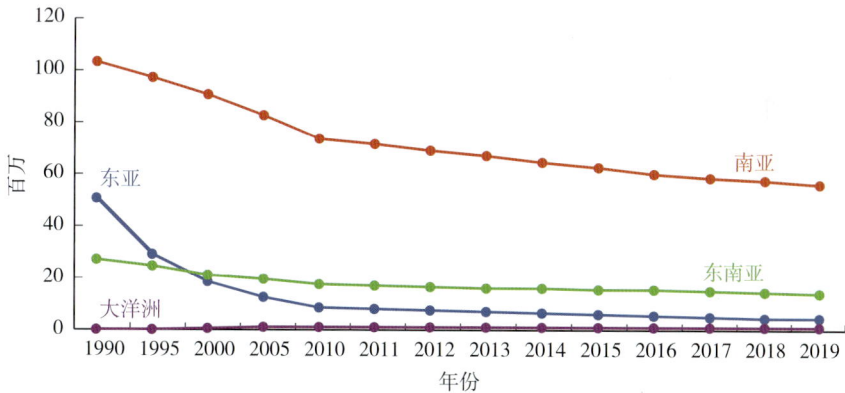

图1-10　2000—2019年亚洲及太平洋各分区域5岁以下发育不良儿童人数趋势

注：东亚包括日本。太平洋是指不包括澳大利亚和新西兰在内的大洋洲。

资料来源：联合国儿童基金会（UNICEF）. World Health Organization (WHO) and World Bank Group. 2020. *Joint Child Malnutrition Estimates-Levels and trends* [online]. New York. [Cited 09 November 2020]. https://data.unicef.org/resources/jme-report-2020/.

插文 5 亚太地区营养状况不平等情况[21]

在幼儿营养不良的普遍情况方面存在着很大的不平等。发育不良、消瘦和超重情况因财富状况、地点（农村和城市）以及母亲受教育程度而有所不同。儿童的性别也存在差异，男孩往往比女孩更容易营养不良，但这种差异远小于其他因素。

生活在贫困家庭的儿童、生活在农村地区的儿童以及母亲受教育程度较低的儿童发育迟缓和消瘦的发生率较高。该区域发展中国家的超重趋势正好相反：生活在富裕家庭、城市地区以及母亲受教育程度较高的儿童更有可能超重。

符合最低饮食多样性、最低用餐次数和最低可接受饮食标准的儿童比例也因财富五分位数、地点和产妇受教育程度而有很大差异（插文7）。这些不平等可能对上文提到的营养状况不平等产生影响。

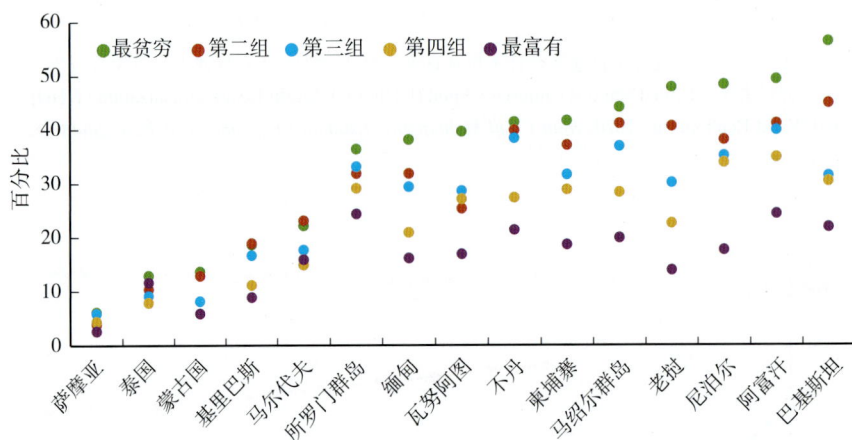

图 1-11 按财富指数五分位数计算 5 岁以下儿童发育迟缓发生率

资料来源：联合国儿童基金会（UNICEF），World Health Organization (WHO) and World Bank Group. 2020. *Joint Child Malnutrition Estimates-Levels and trends* [online]. New York. [Cited 09 November 2020]. https://data.unicef.org/resources/jme-report-2020/.

1.6 5 岁以下儿童中的消瘦现象

当儿童的体重低于他们相应身高的体重时，就会出现消瘦。疾病、食物摄入不足或喂养方式、个人卫生和环境卫生条件差导致幼儿体重迅速下降，导致饮食摄入不能满足其营养需求，从而导致消瘦。严重消瘦——当一个孩子的身高体重低于中值三个标准差时——是一种危及生命的状况。严重消瘦的儿童患病和死亡的风险增加。

与营养良好的儿童相比，中度或严重消瘦的儿童也需要更长的时间从疾病中恢复。尽管在南美洲、东亚和南部非洲，消瘦的流行程度已大幅下降，但在南亚、东南亚和大洋洲，过去十年消瘦仍然是一个严重的全球公共卫生问题，几乎没有任何进展。

亚太地区共有3 150万儿童出现消瘦，占全世界消瘦儿童的2/3以上。该地区大部分消瘦儿童生活在南亚，占全球消瘦儿童总数的一半（2 520万），令人震惊。消瘦现象在南亚最为普遍，5岁以下儿童中有14.3%消瘦。然而，在东南亚（8.2%）和大洋洲（9.5%），消瘦比例也超过了世界卫生组织的"中等"临界值。

只有在东亚，儿童消瘦率（1.7%）被认为是"低"。该区域只有4个国家有望实现世界卫生大会关于消瘦的目标（中国、蒙古国、朝鲜和瓦努阿图），一些国家的情况正在恶化（图1-12）。

插文6 联合国关于儿童消瘦的全球行动计划：加快亚太地区在预防和治疗儿童消瘦方面的进展

在实现可持续发展目标和世界卫生大会关于减少消瘦的具体目标方面，全球进展缓慢。目前，世界上66%的消瘦儿童（约3 080万）居住在亚太地区，主要集中在南亚（2 510万）[22]。消瘦的普遍程度超过5%，这是该地区70%的国家公共卫生关切的门槛[23]。

在亚太地区，为解决减少消瘦问题而作出的协调一致的努力是不够的，往往在人道主义反应的背景下，更多地注重治疗而不是预防。在消瘦成为一个公共卫生问题的国家，治疗的覆盖面仍然低得令人无法接受。在新冠疫情期间，控制消瘦儿童数量的增加，减轻新冠肺炎疫情大流行对获得营养食品以及提供、获得和利用卫生和营养服务的影响，以防止和治疗消瘦，比以往任何时候都更为重要。

2020年3月，联合国粮食及农业组织、难民署、联合国儿童基金会、世界粮食计划署和世界卫生组织发布了《联合国儿童消瘦全球计划行动框架》（GAP框架），以加快预防和管理儿童消瘦方面的进展，实现可持续发展目标和世界卫生大会关于消瘦的具体目标[24]。GAP框架包括四项主要成果：①减少低出生体重；②改善儿童健康；③改善婴幼儿喂养；④改善对消瘦的治疗。它支持各国确定和协调四个关键体系的预防和治疗行动的优先次序，这四个体系是：粮食、卫生、社会保护和卫生（水、环境卫生和个人卫生）。

联合国粮食及农业组织、世界粮食计划署、世界卫生组织和儿童基金会的区域办事处通过亚洲联合国营养促进扩大营养运动网络（AUNNS），为该地区和各国实施《联合国儿童消瘦全球计划行动框架》提供协调指导和支持。目前，联合国儿童资源司正在制定《亚洲区域儿童消瘦行动计划》，以反映亚太地区在预防和治疗消瘦方面的政策和规划优先事项。联合国区域协调机制已经在亚太地区就位，这样的区域计划一旦定稿，将有助于确保联合国粮食及农业组织秘书处的工作重点放在一系列具有明确机构责任的催化行动上，以支持各国加快防止和治疗消瘦的步伐。

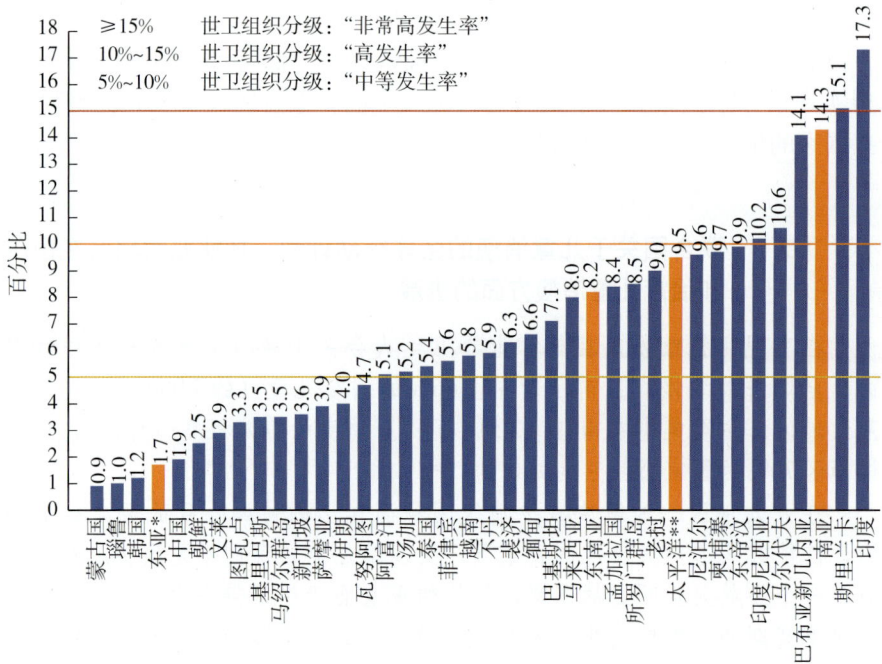

图1-12　基于最新数据亚洲及太平洋地区按国家分列的5岁以下儿童患消瘦症的百分比

注：*除日本外的5岁以下的区域消瘦总量。**太平洋，不包括澳大利亚和新西兰。

资料来源：联合国儿童基金会（UNICEF）, World Health Organization (WHO) and World Bank Group. 2020. *Joint Child Malnutrition Estimates-Levels and trends* [online]. New York. [Cited 09 November 2020]. https://data.unicef.org/resources/jme-report-2020/; Kiribati National Statistics Office. 2019. Kiribati Social Development Indicator Survey 2018–19, Snapshot of Key Finding. South Tarawa, Kiribati. (available at https://mics-surveys-prod.s3.amazonaws. com/MICS6/East%20Asia%20and%20the%20Pacific/Kiribati/2018–2019/Snapshots/Kiribati%20 MICS%20KSDIS%202018–19%20Statistical%20Snapshots_English.pdf).

严重消瘦是儿童生存需要治疗的一种严重疾病。在亚太地区3 150万消瘦儿童中，有1 030万儿童为严重消瘦。严重消瘦估计导致该区域每年有100万～200万儿童死亡。

造成儿童消瘦的原因很复杂，季节性、环境、保健和护理做法及行为各不相同。按财富指数五分位数和地理区域划分，消瘦的普遍程度存在显著差异。与发育迟缓不同，最贫困家庭的消瘦发生率并不总是最高的。消瘦发生率的高度差异性反映了适当的喂养做法和卫生条件的重要性。虽然来自最富有家庭的儿童仍不太可能发生消瘦，但即使是最富有的家庭也面临风险，尽管他们有更好的机会获得食物、保健、卫生和环境卫生（图1-13）。

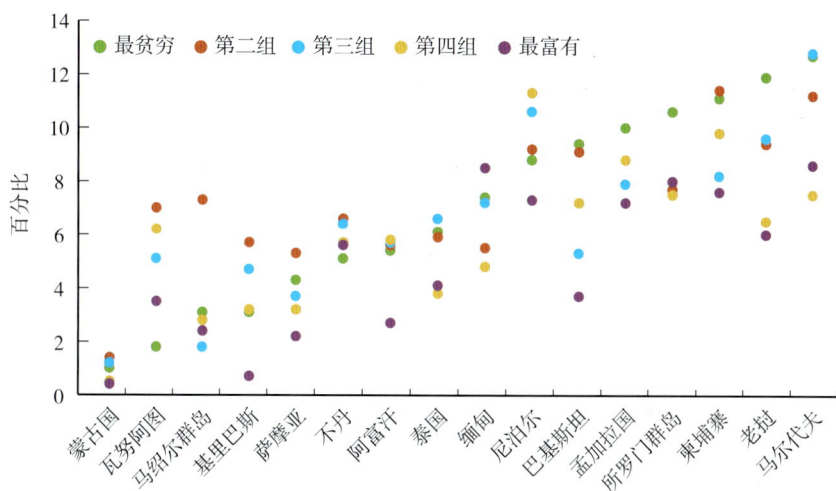

图1-13　按财富指数五分位数计算5岁以下儿童的消瘦率

注：更新了基里巴斯的国家估计（基里巴斯2018—2019年社会发展指标调查）。
资料来源：联合国儿童基金会（UNICEF），World Health Organization (WHO) and World Bank Group. 2020. *Joint Child Malnutrition Estimates-Levels and trends* [online]. New York. [Cited 09 November 2020]. https://data.unicef.org/resources/jme-report-2020/.

1.7　低出生体重儿情况

低出生体重儿是指出生时体重不足2.5千克的婴儿，可以指足月或早产的婴儿。低出生体重是新生儿死亡和疾病的一个危险因素，80%以上的新生儿死亡发生在低出生体重婴儿身上。低出生体重婴儿的脂肪、铁和维生素A含量较低，喂养困难、发育不良和消瘦的风险更高。低出生体重还使儿童在以后的生活中面临更大的非传染性疾病和肥胖风险[25]。低出生体重往往是孕妇在怀孕前和怀孕期间营养不良的结果。自身发育不良的母亲也更有可能生下低出生体重的孩子，而这些孩子又发育不良，随后又生下低出生体重的孩子。这种持续的代际营养不良循环导致在今后的生活中有很高的非传染性疾病风险。

全球有14.6%的婴儿出生时体重过轻，相当于2 050万新生儿出生时体重过轻。其中超过一半的婴儿在亚太地区，即有1 220万婴儿出生时体重过低。大多数人出生在南亚（980万）。亚太地区各国的发生率差异很大，从孟加拉国的28%到库克群岛的4%不等。自2000年以来，在降低低出生体重率方面取得的进展有限，世界上没有一个区域，包括亚太地区，也没有一个国家在降低低出生体重发生率方面取得显著进展（图1-14）。如果目前的趋势持续下去，将无法实现世界卫生大会关于降低低出生体重30%的目标。未能实现世界卫生大会关于低出生体重的目标也影响各国实现其应对发育迟缓和消瘦目标的能力。

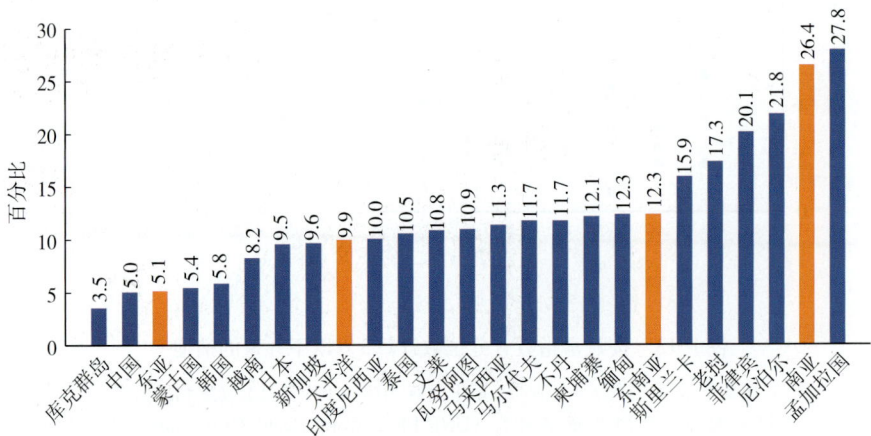

图1-14　2015年亚洲及太平洋国家和次区域不同国家或地区间的低出生体重流行率

资料来源：联合国儿童基金会（UNICEF），World Health Organization (WHO). 2020. *UNICEF/WHO Low birthweight (LBW) estimates, 2019 Edition* [online]. New York. [Cited 10 November 2020]. https://data.unicef.org/topic/nutrition/low-birthweight/.

1.8　5岁以下儿童超重情况

儿童超重和肥胖通常是不健康饮食和缺乏体育活动的结果。5岁以下儿童超重流行率是根据世界卫生组织生长标准确定的。超重和肥胖儿童往往在儿童期和青春期仍然超重，在以后的生活中出现健康问题的风险更高[26]。

最新可获得的数据显示，2019年亚太地区5岁以下儿童超重的人数为1 450万，低于2018年报告的1 570万[27]。然而，不同国家和分区域之间存在相当大的差异。南亚儿童中超重的流行率很低，而太平洋地区的超重率要高得多，太平洋地区近1/10的儿童超重（图1-15）。南亚和东亚超重儿童的数量随着时间的推移几乎没有变化，但自1990年以来，东南亚和大洋洲的儿童超重率迅速增加（图1-16）。

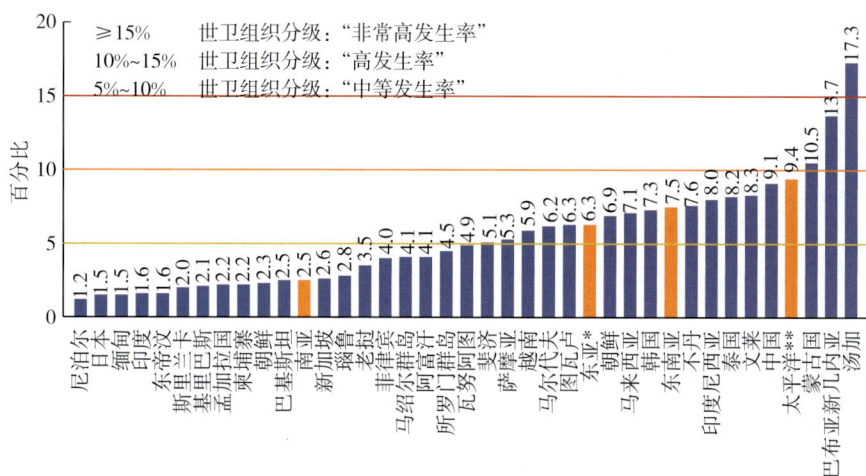

图1-15　基于最新数据亚洲及太平洋地区不同国家或地区间的5岁以下儿童超重流行率

注：*除日本以外的5岁以下超重区域合计。** 太平洋，不包括澳大利亚和新西兰。

资料来源：联合国儿童基金会（UNICEF），World Health Organization (WHO) and World Bank Group. 2020. *Joint Child Malnutrition Estimates Expanded Database: Overweight.* New York; Kiribati National Statistics Office. 2019. *Kiribati Social Development Indicator Survey 2018-2019, Snapshot of Key Finding.* South Tarawa, Kiribati. (available at https://mics-surveys-prod.s3.amazonaws.com/MICS6/East%20Asia%20and%20the%20Pacific/Kiribati/2018-2019/Snapshots/Kiribati%20MICS%20KSDIS%202018-19%20 Statistical%20Snapshots_English.pdf).

5岁以下儿童超重的负担通常在最富裕的家庭中最高。然而，在几乎人人都能获得廉价、高度加工的方便食品的国家，情况并非总是如此。中等收入国家，如马尔代夫、马绍尔群岛、蒙古国和泰国，在财富指数较低的1/5组中，儿童超重患病率最高。这反映了这些国家迅速城市化、妇女更多地参与劳动以及经济增长导致的粮食环境和喂养方式的变化（图1-17）。

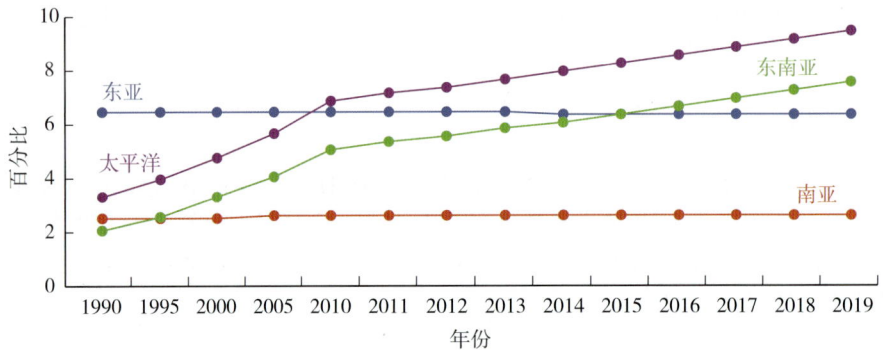

图1-16　1990年以来亚洲及太平洋地区5岁以下儿童超重流行趋势

资料来源：联合国儿童基金会（UNICEF）. 2020. *UNICEF Data: Monitoring the situation of children and women* [online]. New York. [Cited 09 November 2020]. https://data.unicef.org/.

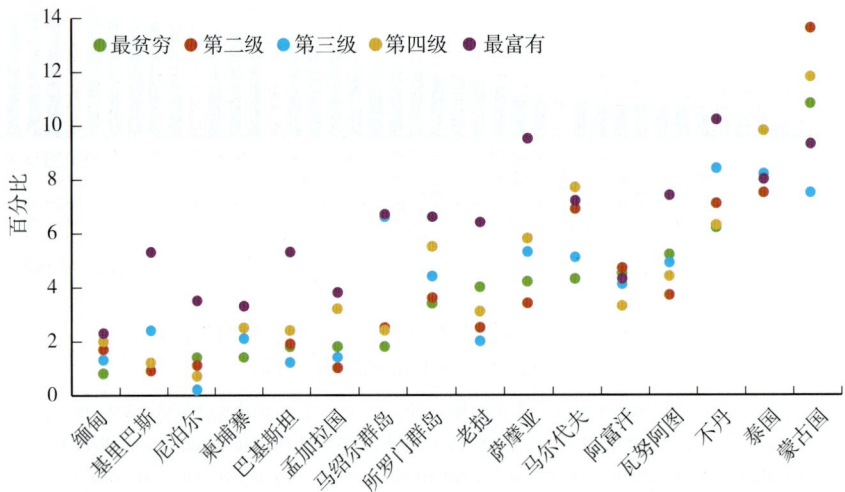

图1-17　亚太地区亚洲及太平洋区域若干国家5岁以下儿童超重情况（按财富五等分）

资料来源：联合国儿童基金会. 2020. *UNICEF Data: Monitoring the situation of children and women* [online]. New York. [Cited 09 November 2020]. https://data.unicef.org/.

1.9　成人超重和肥胖情况

肥胖是21世纪的一种流行病，增加了非传染性疾病的风险，如糖尿病、心血管心脏病、中风和某些癌症。肥胖、不良健康状况和全因死亡率之间的联系已得到证实[28]。超重和肥胖也影响到可持续发展目标3的具体目标3.4——

将非传染性疾病造成的过早死亡率降低1/3。为了达到最佳健康状态，个人应将体重指数[29]（BMI）维持在18.5～24.9千克/平方米范围内。当BMI在25.0～29.9千克/平方米范围内时，合并症风险增加，当BMI大于30千克/平方米时，风险为中度至重度[30]。体重指数为25或以上的人在全球造成了400万人死亡，其中近40%发生在非肥胖者身上。超过2/3与高BMI相关的死亡是由心血管疾病引起的。

自1990年以来，与高BMI相关的疾病负担有所增加，但心血管疾病基本死亡率的下降减弱了这一增长率[31]。《2013—2020年预防和控制非传染性疾病全球行动计划》为到2025年实现成人肥胖问题设定了自愿目标——遏制肥胖和糖尿病的增长。

在几乎所有亚太地区国家，成人超重和肥胖的流行率一直在增加（图1-18）。亚太地区是超重和肥胖人口绝对数量最多的地区，约有10亿人，约占全球总数的40%[32]。该地区在过去30年里取得了令人瞩目的经济进步。

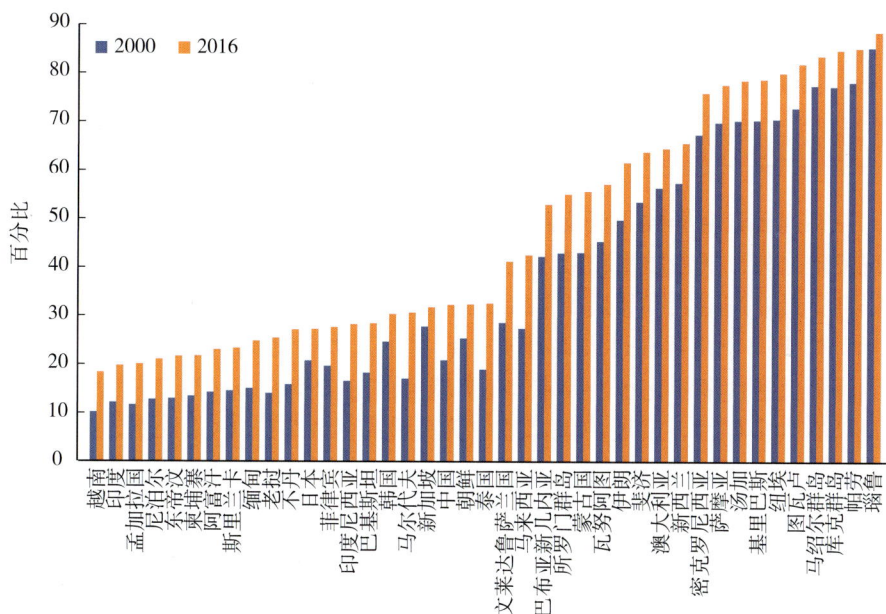

图1-18　2000年和2016年亚洲和太平洋地区成年人超重和肥胖的发生率

资料来源：世界卫生组织（WHO）。2020. 全球健康观察站数据储存库 [在线] 日内瓦[2020年11月10日引用]。https://apps.who.int/gho/data/node.main.NCDMBMIOVERWEIGHTA?lang=en.

这种经济增长和快速城市化与久坐不动的生活方式、饮食模式的转变和"营养转型"有关，人们越来越依赖高度加工的食品，越来越多地食用远离家中的食品，越来越多地食用脂肪、盐、糖和含糖饮料[33]。因此，超重和肥胖的流行率随着国家收入水平的增加而增加。例如，高收入和中上收入国家的肥胖患病率是低收入国家的两倍多。另一方面，这一流行病在低收入和中等收入国家，特别是在太平洋岛屿国家增长最快。尽管大多数国家仍未实现2025年的目标，但许多国家正在采取行动，一些国家已经实现了儿童肥胖率的稳定。

有证据表明，在低收入和中等收入国家，西太平洋区域妇女超重或肥胖的流行率较高[34]。相比之下，在高收入国家，男性往往超重或肥胖。

男性和女性之间的差异可能部分归因于性别之间的一些生理差异，但更重要的是，性别之间的期望、角色和机会的不同。这包括不同的社会经济地位和不同的暴露程度以及对肥胖环境的脆弱性[35]。

超重或肥胖在城市家庭中要比在农村家庭中普遍得多。在大多数低收入和中等收入国家，来自低收入家庭的儿童和成人超重的可能性比来自高收入家庭的儿童和成人要小。高收入国家的情况正好相反，在这些国家，社会经济状况不佳的人口明显更有可能超重[36]。

1.10 6～23个月龄婴幼儿的最低膳食多样性（MDD）、最低进膳频率（MMF）、最低可接受膳食（MAD）

一系列因素会导致儿童营养不良。除了喂养方式不当、卫生条件差和健康状况不佳之外，膳食质量和摄入量不足，通常也是重要的潜在原因。最低膳食多样性、最低进膳频率和最低可接受膳食是衡量儿童膳食质量和摄入量的关键指标。如果一个儿童在过去24小时内食用了八大食物类别中的五类，则他们达到了最低膳食多样化水平要求[37]。在全球范围内，29%的6～23个月龄婴幼儿达到最低膳食多样性，发展中国家里中美洲最高（60%），中非[38]最低（19%）。[39]亚太地区的最低膳食多样性存在显著差异，南亚与中非的最低膳食多样性相当（20%），东南亚为51%，接近中美洲的数值。大洋洲没有足够的数据来进行该区域的评估；然而，来自基里巴斯和马绍尔群岛的数据表明膳食的种类较匮乏。该地区只有五个国家（越南、泰国、菲律宾、印度尼西亚和马尔代夫），其中有超过一半的儿童食用多样化的饮食，整个子区域的差异很大。在东南亚，这一比例为从缅甸的21%到泰国的63%，而在南亚，这一比例为从巴基斯坦的15%到马尔代夫的71%（图1-19）。

最低进膳频率（MMF）是衡量儿童饮食的摄入量是否充足的指标。儿童所需最低进食次数取决于年龄和母乳喂养状况。[40]达到推荐的最低进膳频率的儿童比例高于达到最低膳食多样性的儿童比例。然而，在许多国家，喂养频率仍然欠佳，整个地区的差异很大。在全球范围内，53%的儿童满足最低进膳频率，其中中美洲最高（81%），中非最低（38%）。在亚太地区，南亚达到最低进膳频率的比率最低，为44%，而东亚为69%，东南亚为75%。在印度，只有42%的6～23个月龄婴幼儿达到每天所需的喂养次数，而越南则为91%。

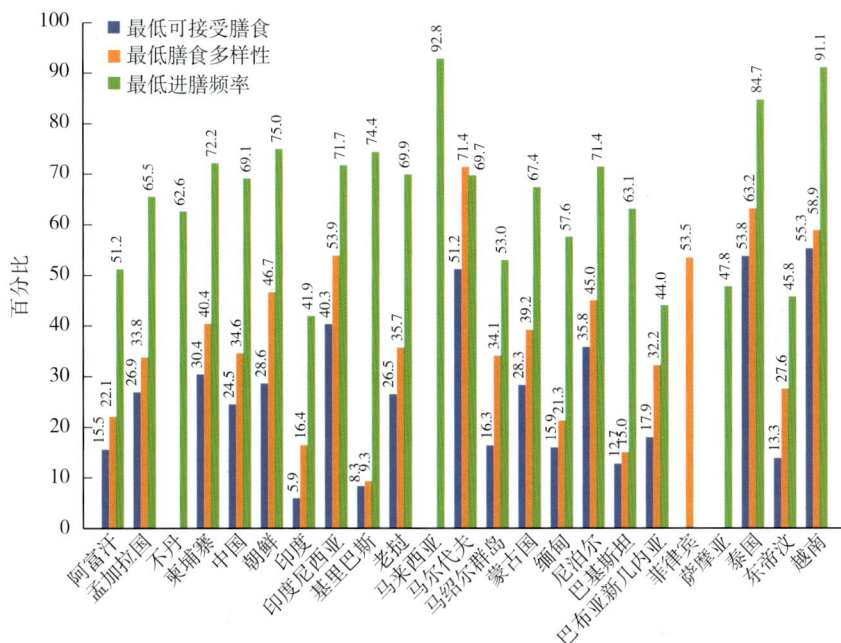

图1-19 亚洲和太平洋地区国家6～23个月龄婴幼儿达到最低膳食多样性（MDD）、最低进膳频率（MMF）和最低可接受膳食（MAD）的百分比（最新数据）

注：不丹、马来西亚和萨摩亚的最低可接受膳食和最低膳食多样性数据缺失。菲律宾的最低可接受膳食和最低进膳频率数据缺失。

资料来源：联合国儿童基金会（UNICEF）。2020. 儿童基金会数据。监测儿童和妇女的状况 [在线]。纽约。[2020年11月9日引用]。https://data.unicef.org/; Kiribati National Statistics Office. 2019. 基里巴斯国家统计局。*2018-2019, Snapshot of Key Finding*. South Tarawa, Kiribati. (available at https://mics-surveys-prod.s3.amazonaws.com/MICS6/East%20Asia%20and%20the%20Pacific/Kiribati/2018-2019/Snapshots/Kiribati%20MICS%20KSDIS%202018-19%20Statistical%20Snapshots_English.pdf); 蒙古国家统计局。2019. 社会指标抽样调查-2018，调查结果报告。蒙古国，乌兰巴托。(https://www.washdata.org/sites/default/files/documents/reports/2019-10/Mongolia-2018-MICS-report.pdf)。

最低可接受膳食衡量适合其年龄组的6～23个月龄婴幼儿的最低进膳频率和最低膳食多样性。如果孩子满足其年龄组和母乳喂养状态的最低进膳频率和最低膳食多样性，则他们被视为达到最低可接受膳食水平。在全球范围内，19%的儿童达到最低可接受膳食标准，其中非洲最低（19%），中美洲最高（50%）。亚太地区很少有儿童达到最低可接受膳食标准，只有三个国家（马尔代夫、泰国和越南）的最低可接受膳食超过50%。按照最低进膳频率和最低膳食多样性的趋势，南亚的最低可接受膳食水平最低，为12%，东南亚最高，为41%。

按居住地对最低膳食多样性、最低进膳频率和最低可接受膳食指标进行分解表明，与农村地区的儿童相比，城市地区的儿童往往有更多样化的饮食。

最低膳食多样性的城乡差距在中国、蒙古国和老挝最大，在马尔代夫、越南和尼泊尔最小。影响最低膳食多样性的因素包括：各种食物的可供性和经济可负担性、看护者的知识水平和喂养方法，以及城市地区的较高收入。全年多样化食物的可供性较低且成本较高，加之看护者知识水平较低且喂养实践较少，这一切导致了农村地区最低膳食多样性较差的结果。另一方面，最低喂养频率在城市和农村地区之间几乎没有差异（图1-20和图1-21）。

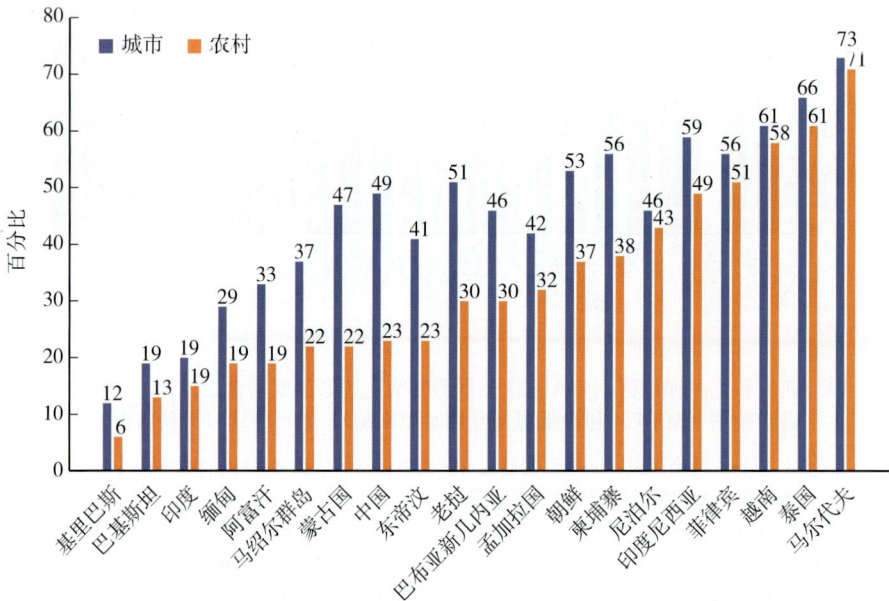

图1-20　亚太地区不同居住地（农村/城市）6～23个月龄
婴幼儿的最低膳食多样性（MDD）

资料来源：联合国儿童基金会（UNICEF）。2020. 联合国儿童基金会数据。监测儿童和妇女的状况[在线]。纽约。[2020年11月9日引用] https://data.unicef.org/; 基里巴斯国家统计局。2019. 基里巴斯社会发展指标调查 2018-2019, *Snapshot of Key Finding*. South Tarawa, Kiribati. (available at https://mics-surveys-prod.s3.amazonaws.com/MICS6/East%20Asia%20and%20the%20Pacific/Kiribati/2018-2019/Snapshots/Kiribati%20MICS%20KSDIS%202018-19%20Statistical%20Snapshots_English.pdf); 蒙古国家统计局。2019. 社会指标抽样调查-2018，调查结果报告。蒙古国，乌兰巴托。(available at https://www.washdata.org/sites/default/files/documents/reports/2019-10/Mongolia-2018-MICS-report.pdf).

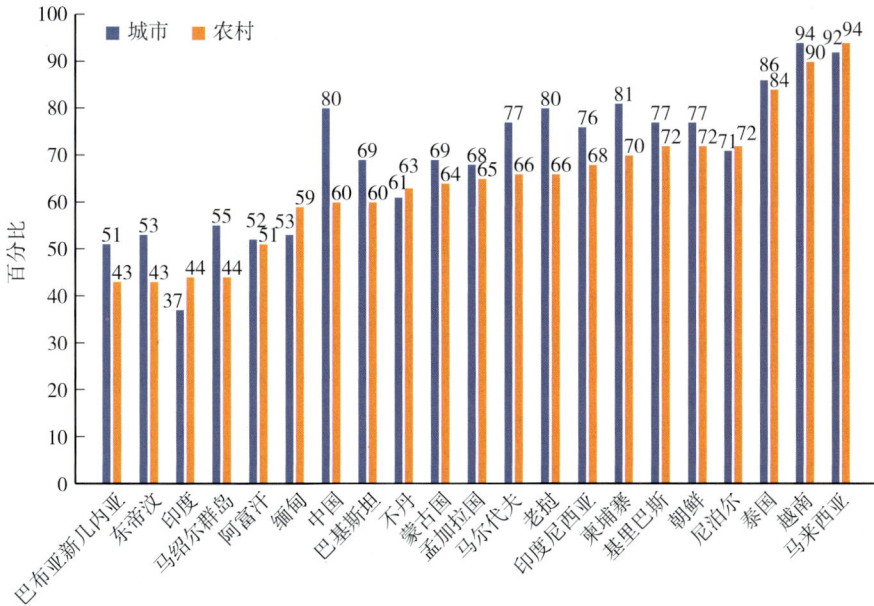

图1-21　在亚洲和太平洋地区，不同居住地（农村/城市）
6～23个月龄婴幼儿的最低进膳频率（MMF）

资料来源：联合国儿童基金会（UNICEF）。2020. 联合国儿童基金会数据。监测儿童和妇女的状况[在线]。纽约。[引自2020年11月9日]。https://data.unicef.org/; Kiribati National Statistics Office. 2019. 基里巴斯国家统计局。*2019. 2018-2019年基里巴斯社会发展指标调查, Snapshot of Key Finding*. South Tarawa, Kiribati. (available at https://mics-surveys-prod.s3.amazonaws.com/MICS6/East%20Asia%20and%20the%20Pacific/Kiribati/2018-2019/Snapshots/Kiribati%20MICS%20KSDIS%202018-19%20Statistical%20Snapshots_English.pdf); 蒙古国家统计局。2019. 2018年社会指标抽样调查，调查结果报告。蒙古国，乌兰巴托。(available at https://www.washdata.org/sites/default/files/documents/reports/2019-10/Mongolia-2018-MICS-report.pdf).

　　实现最低膳食多样性、最低进膳频率和最低可接受膳食需要获得经济可负担的、有营养的食物以及看护者在喂养实践方面的适当知识。较高的最低膳食多样性、最低进膳频率和最低可接受膳食与较高的收入之间有着密切关系，膳食质量和摄入量的高发生率往往是在最富裕的家庭出现的。在满足最低膳食多样性方面，财富指数五分位数的差异可能巨大，蒙古国的最富裕家庭可以达到63%，而最贫困家庭只有13%。在泰国和马尔代夫，不同财富群体的最低膳食多样性呈现较小差异（图1-22）。在这两个国家，最富有家庭的膳食质量并不是最高的。中高收入国家最贫困的1/5家庭比中低收入国家最贫困1/5家庭更富有，在购买多样化膳食方面的限制更少，因此，在中高收入国家，财富五分位数和最低膳食多样性之间并没有相关性。这也可能表明，较富裕的家庭更容易接触到强调儿童方便食品而不是健康食品的食品环境。

插文7 婴幼儿喂养实践中的不平等现象[41]

在固体食物的摄入、膳食频率、饮食多样化和最低可接受膳食方面存在着显著的不平等。来自最富裕家庭的5岁以下的孩子状况要好得多，城市地区的孩子或母亲受教育程度更高的孩子也是如此。具体而言，最低可接受膳食的贫富差距（在最富有和最贫困的五分位数之间）为11个百分点，地区（城市与农村）差距为15个百分点，孕产妇受教育程度差距为8个百分点。孩子的性别差异为零。

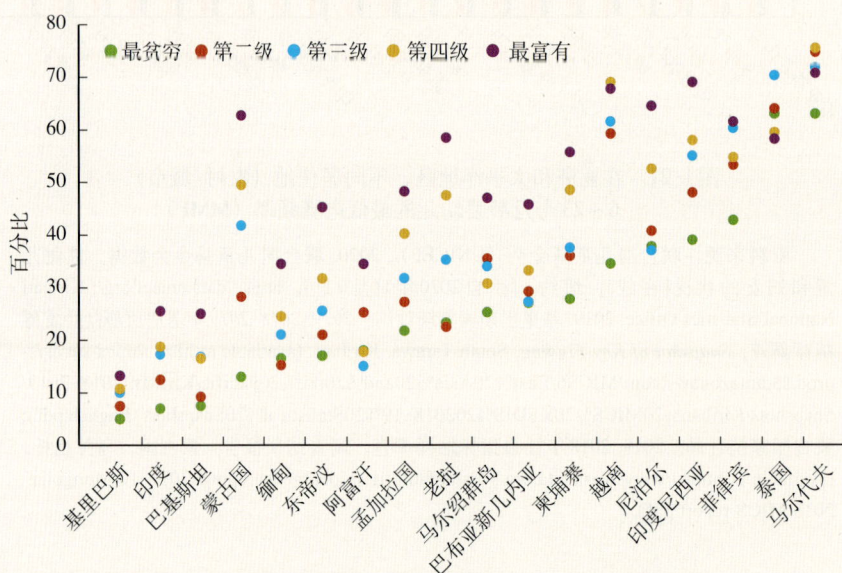

图1-22 亚洲及太平洋区域6～23个月龄婴幼儿的最低饮食多样性（MDD）（按家庭财富指数五等分）

资料来源：United Nations Children's Fund (UNICEF). 2020. *UNICEF Data: Monitoring the situation of children and women* [online]. New York. [Cited 09 November 2020]. https://data.unicef.org/; Kiribati National Statistics Office. 2019. *Kiribati Social Development Indicator Survey 2018-2019, Snapshot of Key Finding*. South Tarawa, Kiribati. (available at https://mics-surveys-prod.s3.amazonaws.com/MICS6/East%20Asia%20and%20the%20Pacific/Kiribati/2018-2019/Snapshots/Kiribati%20MICS%20KSDIS%202018-19%20Statistical%20Snapshots_English.pdf); Mongolia National Statistical Office. 2019. *Social Indicator Sample Survey-2018, Survey Findings Report*. Ulaanbaatar, Mongolia. (available at https://www.washdata.org/sites/default/files/documents/reports/2019-10/Mongolia-2018-MICS-report.pdf).

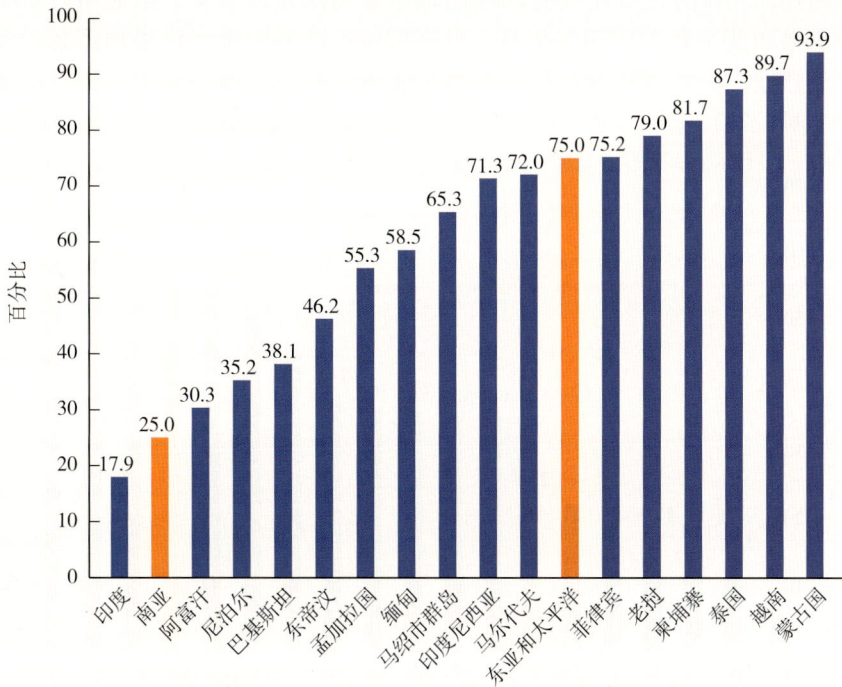

图1-23　亚洲和太平洋地区6～23个月龄婴幼儿食用鸡蛋或肉食的百分比

注：东亚和太平洋地区包括东南亚和大洋洲。南亚不包括伊朗。

资料来源：United Nations Children's Fund (UNICEF). 2020. *UNICEF Data: Monitoring the situation of children and women* [online]. New York. [Cited 09 November 2020]. https://data. unicef.org/; UNICEF. 2019. *The State of the World's Children 2019, Children, food and Nutrition Growing well in a changing world* [online]. New York. [Cited 09 November 2020]. https://www. unicef.org/media/60826/file/SOWC-2019-EAP.pdf.

　　动物源性食物是饮食多样性的重要组成部分，因为它们富含蛋白质和微量营养元素，并且多种动物源性食物的食用与儿童成长相关。[42]据报道，全球40%的儿童在过去24小时内食用过动物源性食物（鸡蛋、肉食）[43]。这个数字在不同地区存在很大差异：印度只有18%的儿童食用蛋类或肉食，而蒙古国儿童的这一比例为94%（图1-23）。

　　与食用动物源性食物类似，食用水果和蔬菜是健康膳食的重要组成部分。它有助于形成含有必需的维生素和矿物质的多样化饮食。零水果或蔬菜的食用是衡量儿童不健康饮食的指标[44]，并会增加发育迟缓的风险。在全球范围内，44%的儿童报告在过去24小时内未食用水果和蔬菜。在这些地区，比例最高的是南亚，55%的儿童在过去24小时内未食用水果或蔬菜。东亚和太平洋地区的水果和蔬菜食用量明显更高，只有23%的儿童未食用水果和蔬菜。大洋洲缺乏数据，但马绍尔群岛近一半的儿童在过去24小时内未食用任何水果或蔬菜（图1-24）。

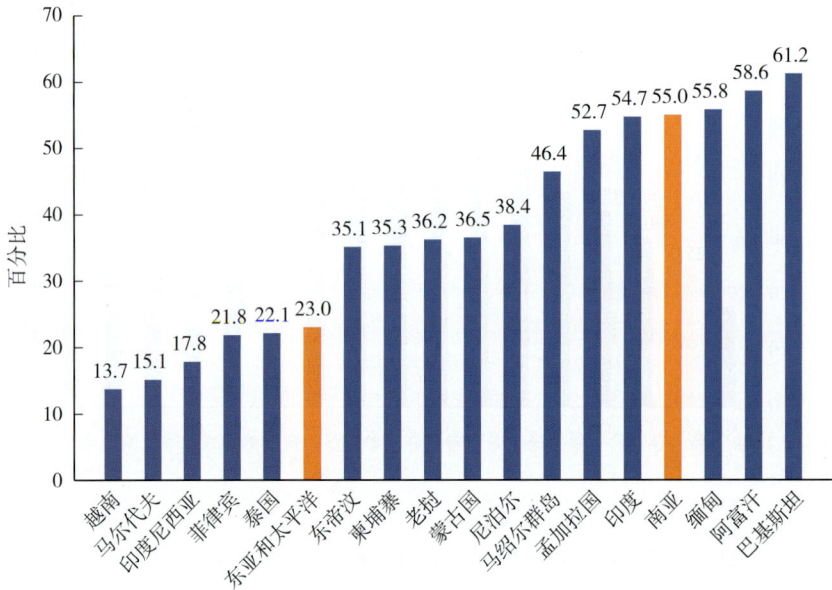

图1-24　在亚洲和太平洋地区，6～23个月龄婴幼儿未食用任何水果和蔬菜的百分比

注：东亚和太平洋地区包括南亚和大洋洲。南亚不包括伊朗。

资料来源：联合国儿童基金会（UNICEF）. 2020. 联合国儿童基金会数据：*Monitoring the situation of children and women* [online]. New York. [Cited 09 November 2020]. https://data.unicef.org/; UNICEF. 2019. *The State of the World's Children 2019, Children, food and Nutrition Growing well in a changing world* [online]. New York. [Cited 09 November 2020]. https://www.unicef.org/media/60826/file/SOWC-2019-EAP.pdf.

水果和蔬菜的食用取决于可供性、经济可负担性以及看护者的知识、做法和行为。

动物源性食物、水果和蔬菜通常比在该地区几乎普遍可获得的、传统喂养给幼儿的主粮（如米粥）和深加工的方便食品贵得多。水果和蔬菜是季节性可获得的。然而，可供性和经济可负担性取决于地理位置、市场联系和季节性影响。即使动物源性食物、水果和蔬菜可供应且价格可负担，看护者也需要适当的知识、实践和行为来购买、准备这些食品，并以适当的方式喂养他们的幼儿。

插文8　解决老挝营养数据方面的差距——国家营养信息平台（NIPN）[45]

数据的质量和可靠性对于营养政策、规划和财务决策至关重要。国家营养信息平台增强了老挝主要机构收集和管理优质营养数据的能力，进而影响该国政策和决策。发展研究中心（CDR）与联合国儿童基金会和欧盟合作，于2019年在老挝开展了一项数据映射工作，揭示了卫生、教育和农业子部门信息系统中的营养数据面临的挑战。结果表明，其中包括缺乏指标定义、数据收集频率不规则、报告的地理层次不一致，等等。没有定期收集关键营养指标，这影响了对该国营养状况的监测。国家营养信息平台映射工作的调查结果有助于国家营养委员会内各个部门正在进行的、关于改进营养监测的讨论。并且指导制定了下一个国家营养行动计划（2021—2025年），修订健康管理信息系统（DHIS2）中的营养指标。国家营养信息平台和其他合作伙伴向政府提供的技术支持，有助于发展数据收集能力和工具，并鼓励在原始文件中使用营养数据，这是改善老挝营养信息管理的关键步骤。

1.11　6个月以下婴儿纯母乳喂养情况

纯母乳喂养是最佳婴幼儿喂养实践的重要组成部分，可以让儿童在人生的开始阶段打下良好基础。纯母乳喂养是指孩子从出生到6月龄只接受母乳。实际上，只有8个国家有望在2025年实现或超过以上目标：斯里兰卡、缅甸、巴基斯坦、朝鲜、所罗门群岛、越南、瓦努阿图和萨摩亚。[46]南亚国家的纯母乳喂养率最高，而东南亚和东亚国家纯母乳喂养率较低，并且在某些情况下还在下降。[47]在整个亚太地区，纯母乳喂养率从中国的21%到斯里兰卡的82%不等（图1-25）。

插文9　在新型冠状病毒肺炎时期的纯母乳喂养情况[48]

母乳喂养的许多益处远超过了与新冠肺炎疫情相关的传播和疾病的潜在风险。特别是截至撰写本文时，尚未在任何确诊或疑似患新冠肺炎的母亲的母乳中检测到活性SARS-CoV-2病毒。因此，到目前为止还没有证据表明该病毒通过母乳喂养传播。纯母乳喂养和皮肤接触显著降低了新生儿和婴幼儿的死亡风险，并提供了即时和终身的健康和发展优势。因此，在新冠肺炎疫情时期促进和维持纯母乳喂养对母亲和婴儿都尤为重要。

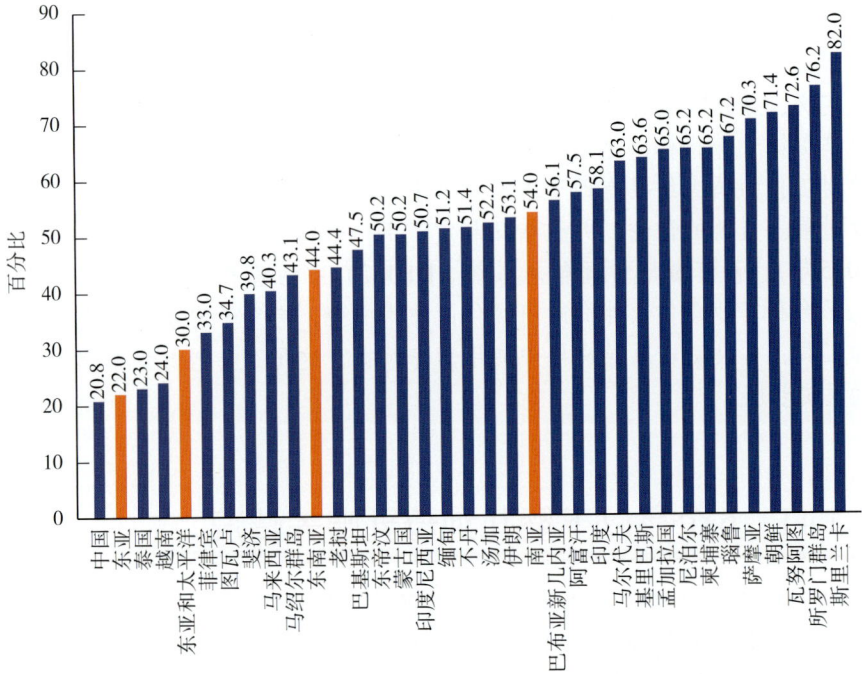

图1-25　亚洲及太平洋地区，不同国家和次区域的6个月龄
以下婴儿纯母乳喂养情况（最新数据）

注：*大洋洲，不包括澳大利亚和新西兰。

资料来源：联合国儿童基金会（UNICEF）. 2020. 联合国儿童基金会数据：*Monitoring the situation of children and women* [online]. New York. [Cited 09 November 2020]. https:// data.unicef.org/; Kiribati National Statistics Office. 2019. *Kiribati Social Development Indicator Survey 2018-2019, Snapshot of Key Finding*. South Tarawa, Kiribati. (available at https:// mics-surveys-prod.s3.amazonaws.com/MICS6/East%20Asia%20and%20the%20Pacific/ Kiribati/2018-2019/Snapshots/Kiribati%20MICS%20KSDIS%202018-19%20Statistical%20 Snapshots_English.pdf); Mongolia National Statistical Office. 2019. *Social Indicator Sample Survey-2018, Survey Findings Report*. Ulaanbaatar, Mongolia. (available at https://www.washdata. org/sites/default/files/documents/reports/2019-10/Mongolia-2018-MICS-report.pdf).

财富指数五分位数的变化反映了母乳替代品的市场情况、可负担性和可供性，反映了产妇就业和时间限制，以及知识、文化和信仰。除缅甸和泰国外，最贫困家庭的纯母乳喂养发生率往往较高，而前者在最富有的家庭中最高（图1-26）。

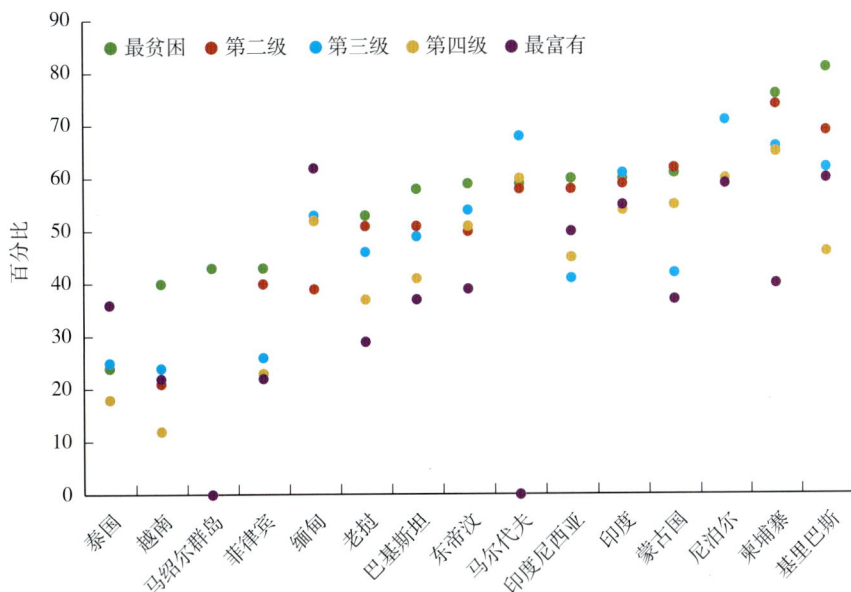

图1-26　在亚洲及太平洋地区，不同财富指数五分位数的纯母乳喂养发生率

资料来源：联合国儿童基金会（UNICEF）。2020. 联合国儿童基金会数据：*Monitoring the situation of children and women* [online]. New York. [Cited 09 November 2020]. https://data.unicef.org/; Kiribati National Statistics Office. 2019. *Kiribati Social Development Indicator Survey 2018-2019, Snapshot of Key Finding*. South Tarawa, Kiribati. (available at https://mics-surveys-prod.s3.amazonaws.com/MICS6/East%20Asia%20and%20the%20Pacific/Kiribati/2018–2019/Snapshots/Kiribati%20MICS%20KSDIS%202018–19%20Statistical%20Snapshots_English.pdf); Mongolia National Statistical Office. 2019. *Social Indicator Sample Survey-2018, Survey Findings Report*. Ulaanbaatar, Mongolia. (available at https://www.washdata.org/sites/default/files/documents/reports/2019–10/Mongolia–2018-MICS-report.pdf).

1.12　1岁儿童继续采用母乳喂养情况

在6月龄引入适当的辅食后，母乳喂养仍然是幼儿健康膳食的基本营养组成部分。它是成长中婴儿的重要能量和必要营养来源。世界卫生组织建议持续母乳喂养长达两年或更长时间。发展中国家的研究表明，持续、频繁的母乳喂养与孩子的茁壮成长息息相关，并通过延迟母亲的产后生育、降低儿童发病和死亡的风险来提高出生间隔，进一步保护儿童健康。持续的母乳喂养也可以防止已康复的感染者出现脱水。[49]

　　在全球范围内，一岁龄（12～15个月）儿童继续母乳喂养的比例很高，70%的儿童继续接受母乳喂养。东非持续母乳喂养的发生率最高（91%），而北美最低（15%）。亚太地区差异很大，南亚地区一岁时仍有84%的儿童接受母乳喂养，而东南亚地区为71%，东亚地区为25%（图1-27）。东亚地区持续母乳喂养的比率较低，这可能反映了较高的正式就业率和母乳替代品的普遍销售，这影响了母亲继续母乳喂养的决定并可能导致过早断奶。

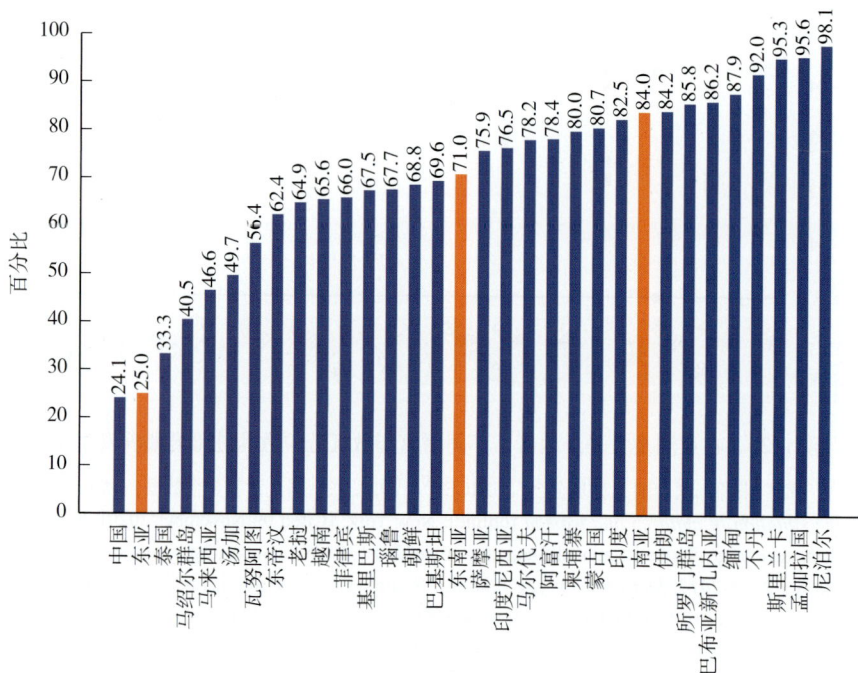

图1-27　亚太地区不同国家和次区域在1岁时继续母乳喂养的比例

注：数据不足以计算大洋洲的区域估计。

资料来源：联合国儿童基金会（UNICEF）。2020. 联合国儿童基金会数据：*Monitoring the situation of children and women* [online]. New York. [Cited 09 November 2020]. https://data.unicef.org/; Kiribati National Statistics Office. 2019. *Kiribati Social Development Indicator Survey 2018-2019, Snapshot of Key Finding*. South Tarawa, Kiribati. (available at https://mics-surveys-prod.s3.amazonaws.com/MICS6/East%20Asia%20and%20the%20Pacific/Kiribati/2018-2019/Snapshots/Kiribati%20MICS%20KSDIS%202018-19%20Statistical%20Snapshots_English.pdf); Mongolia National Statistical Office. 2019. *Social Indicator Sample Survey-2018, Survey Findings Report*. Ulaanbaatar, Mongolia. (available at https://www.washdata.org/sites/default/files/documents/reports/2019-10/Mongolia-2018-MICS-report.pdf).

　　这也反映在财富指数五分位数的持续母乳喂养差异中，最富裕的家庭持续母乳喂养的比率一直最低。这可能是由于工作压力或社会习俗鼓励早期断奶[50]。越南在最贫困和最富裕的1/5阶层之间的差距最大；在最贫困的家庭中，81%的儿童在1岁时进行母乳喂养，而在最富裕的家庭中，这一比例为39%。在泰国，最富裕的家庭中只有15%的儿童仍在接受母乳喂养——这是现有可用数据的国家五分位数中比例最低的（图1-28）。

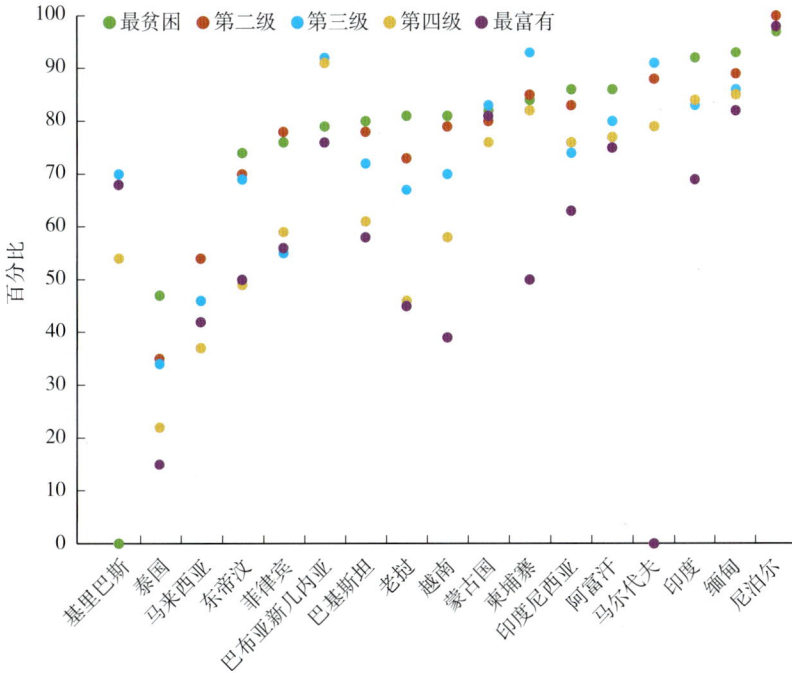

图1-28　在亚洲和太平洋地区，不同财富指数五分位数的
1岁儿童继续母乳哺养的比例

资料来源：联合国儿童基金会（UNICEF）。2020. 联合国儿童基金会数据：*Monitoring the situation of children and women* [online]. New York. [Cited 09 November 2020]. https://data.unicef.org/; Kiribati National Statistics Office. 2019. *Kiribati Social Development Indicator Survey 2018-2019, Snapshot of Key Finding*. South Tarawa, Kiribati. (available at https://mics-surveys-prod.s3.amazonaws.com/MICS6/East%20Asia%20and%20the%20Pacific/Kiribati/2018-2019/Snapshots/Kiribati%20MICS%20KSDIS%202018-19%20Statistical%20Snapshots_English.pdf); Mongolia National Statistical Office. 2019. *Social Indicator Sample Survey-2018, Survey Findings Report*. Ulaanbaatar, Mongolia. (available at https://www.washdata.org/sites/default/files/documents/reports/2019-10/Mongolia-2018-MICS-report.pdf).

1.13　育龄妇女和5岁以下儿童贫血情况

当血液中血红蛋白（Hb）浓度低于临界值时，就会发生贫血，从而削弱将氧气输送到身体组织的能力。诊断为贫血的血红蛋白浓度临界值因年龄、生命周期阶段（即育龄妇女）、海拔和吸烟状况而异。[51]疲劳、体力劳动能力下降和呼吸急促等症状在贫血患者中很常见。妊娠期贫血与低出生体重、早产、儿童认知发育障碍[52]以及孕产妇和围产期死亡率[53]进一步相关。贫血约占全球所有疾病造成总残疾负担的9%。[54]

减轻贫血负担是一项重要的公共卫生优先事项。2025年的全球营养目标是：到2025年，将育龄妇女的贫血患病率水平较2011年降低50%。[55]可持续发展目标2也将减少贫血作为一项具体目标。图1-29中对贫血患病率的估计表明，对亚洲大多数国家来说，十多年来贫血状况几乎没有改善，而且它们偏离了实现将贫血患病率降低50%的目标。2000—2016年期间，只有四个国家（不丹、尼泊尔、菲律宾和瓦努阿图）在减轻育龄妇女贫血负担方面取得了显著进展（超过10个百分点），而其他所有国家进展缓慢或没有进展，甚至状况不断恶化。在次区域中，南亚的患病率最高，为49%，巴基斯坦、印度、马尔代夫和阿富汗的患病率达到40%或更高。[56]对太平洋地区育龄妇女贫血状况的估计更为乐观，没有一个国家承担重大的公共卫生负担，大多数国家表示负担适中。

一些国家补充铁元素的计划促成了这一积极趋势（例如斐济、所罗门群岛等）。东南亚和东亚的患病率是所有次区域中最低的，但仍然有超过1/4的育龄妇女患病。

如图1-30中的数据所示，随着时间的推移，5岁以下儿童的贫血患病率有所下降，而且将贫血作为主要公共卫生问题负担（患病率>40%）的国家越来越少。此外，严重贫血的负担降低，大多数儿童患有轻度或中度贫血。[57]社会经济条件的改善、孕前和孕期孕产妇营养的改善、低出生体重婴儿的减少和对寄生虫的控制都很可能有助于这些改善。尽管不丹、印度、伊朗、马尔代夫、尼泊尔、菲律宾和瓦努阿图（图1-30）的贫血状况改善显著（超过10个百分点），但5岁以下儿童的贫血问题仍然是亚太地区许多国家面临的一项公共卫生挑战。

缺铁是导致营养性贫血的主要原因，约占所有儿童贫血症的40%。[58]儿童容易患上缺铁性贫血，因为他们在快速成长的过程中，特别是在生命的头五年内对铁的需求增加了。在足月婴儿中，总血红蛋白量仅在出生的第一年就几乎翻一番。对于低出生体重的婴儿，铁需求量更大。[59]两岁以下儿童的生长速度非常快，在6～23个月之间，每千克体重对铁的需求量非常高。[60]两岁以后，生长速度减慢，贫血患病率降低（图1-31）。

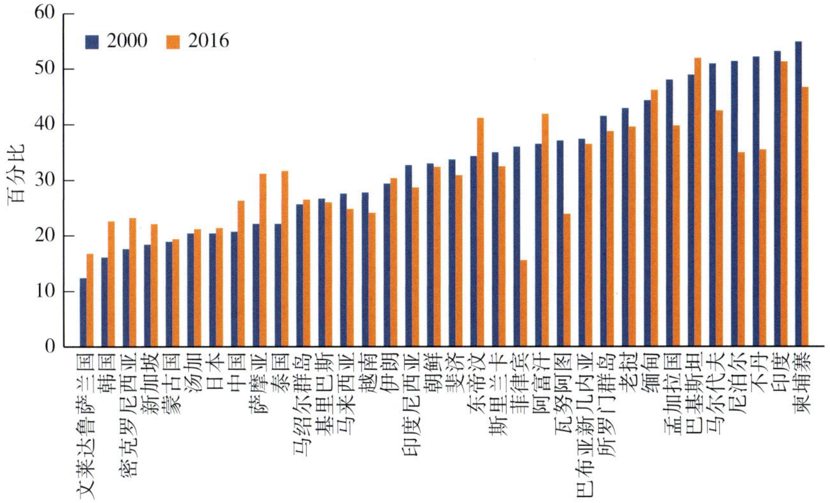

图1-29　2000年和2016年亚太地区不同国家的育龄妇女贫血患病率的趋势

资料来源：世界卫生组织（WHO）。2020. *The Global Health Observatory* [online]. Geneva. [Cited 10 November 2020]. https://www.who.int/data/gho.

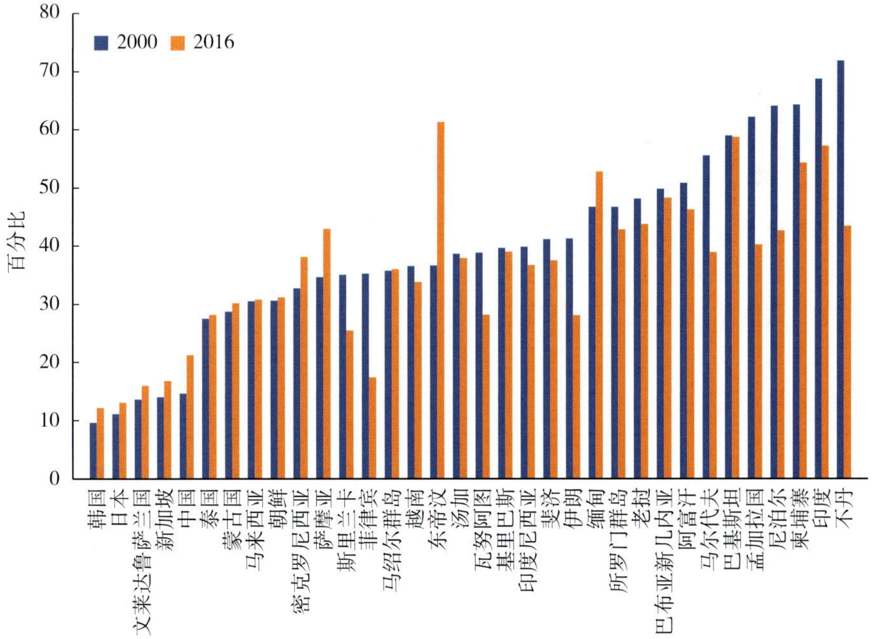

图1-30　2000年和2016年亚太地区5岁以下儿童贫血患病率的趋势

资料来源：世界卫生组织（WHO）。2020. *The Global Health Observatory* [online]. Geneva. [Cited 10 November 2020]. https://www.who.int/data/gho.

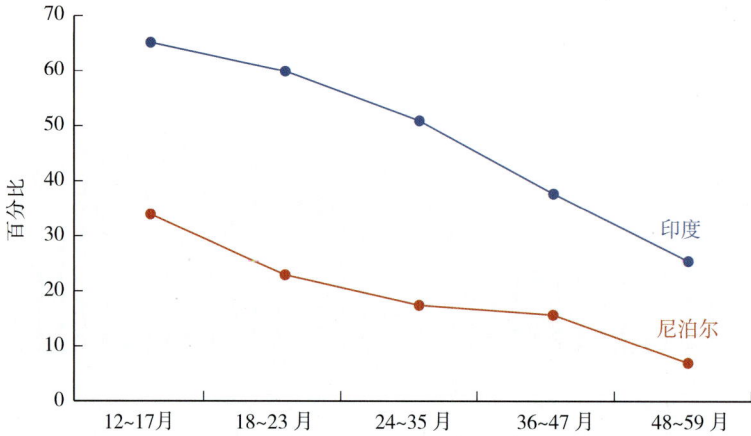

图1-31 印度和尼泊尔5岁以下儿童各年龄组的贫血症变化趋势

资料来源：尼泊尔卫生和人口部、新ERA、联合国儿童基金会（UNICEF）、欧盟、美国国际开发署（USAID）和疾病控制与预防中心（CDC）。2018年。尼泊尔国家微量营养素状况调查，2016年。尼泊尔加德满部。(available at https://www.unicef.org/nepal/media/1206/file/Nepal%20National%20Micronutrient%20Status%20Survey%20Report%202016.pdf); 卫生和家庭福利部（MOHFW）、印度政府、联合国儿童基金会&人口委员会。2019，综合国民营养调查（CNNS）国家报告。印度新德里。(available at https://www.popcouncil.org/uploads/pdfs/2019RH_CNNSreport.pdf).

对贫血症的准确描述，对了解负担情况和规划公共卫生干预措施至关重要。对于儿童来说，可能需要通过不同的血红蛋白值来诊断贫血，因为儿童早期对血红蛋白需求的变化较大。世界卫生组织正在探索这个问题，并迫切需要进一步调查幼儿贫血和缺铁对儿童的功能影响，以及其他因素的相对影响：例如缺乏其他微量营养素（特别是叶酸、维生素B_{12}和维生素A）、疟疾和血红蛋白遗传性疾病从而导致儿童贫血。

1.14 结论

通过定期监测关键的营养和健康指标，来跟踪实现可持续发展目标和世界卫生大会目标的进展情况，对于各国政府和社区能够了解应用的政策和干预战略是否有效，是否支持改善是非常重要的。从第1部分中提出的各种指标来看，就进展而言，前景喜忧参半。

总的来说，亚太地区不足以实现设定的目标。自2015年以来，亚太地区的营养不良状况一直停滞不前，且自2017年以来，南亚的粮食不安全状况再次上升，该地区的其他地区保持稳定（图1-32）。

儿童发育迟缓

非常高 ≥30.0%
东帝汶 51.7
巴布亚新几内亚 49.5
大洋洲 38.4
阿富汗 38.2
巴基斯坦 37.6
尼泊尔 36.0
马绍尔群岛 34.8
印度 34.7
不丹 33.5
老挝 33.1
柬埔寨 32.4
所罗门群岛 31.7
孟加拉国 30.8
印度尼西亚 30.5
菲律宾 30.3

高 20.0%~30.0%
缅甸 29.4
瓦努阿图 29.0
瑙鲁 24.0
越南 23.8
10.0%~20.0%
文莱达鲁萨兰国 19.7
朝鲜 19.1
马尔代夫 19.0
马来西亚 17.7
斯里兰卡 17.3
基里巴斯 15.2

中等
泰国 10.5
图瓦卢 10.0
2.5%~10.0%
蒙古国 9.4
汤加 8.1
中国 8.1
萨摩亚 7.5
日本 7.1
伊朗 6.8

低
萨摩亚 4.9
东亚 4.5
新加坡 4.4
韩国 2.5
<2.5%

非常低

儿童消瘦

非常高 ≥15.0%
印度 17.3
斯里兰卡 15.1
10.0%~15.0%
巴布亚新几内亚 14.1
马尔代夫 10.6
印度尼西亚 10.2
5.0%~10.0%
东帝汶 9.9
柬埔寨 9.7
尼泊尔 9.6
大洋洲 9.5
老挝 9.0

高
巴基斯坦 8.5
孟加拉国 8.4
马来西亚 8.0
巴基斯坦 7.1
缅甸 6.6
斐济 6.3
不丹 5.9
越南 5.8
菲律宾 5.6
泰国 5.4
汤加 5.2
阿富汗 5.1

中等 2.5%~5.0%
瓦努阿图 4.7
伊朗 4.0
萨摩亚 3.9
新加坡 3.6
马绍尔群岛 3.5
基里巴斯 3.5
图瓦卢 3.3
文莱达鲁萨兰国 2.9

低 <2.5%
中国 1.9
韩国 1.2
瑙鲁 1.5
蒙古国 0.9

非常低

儿童超重

非常高 ≥15.0%
汤加 17.3
10.0%~15.0%
巴布亚新几内亚 13.7
蒙古国 10.2
5.0%~10.0%
中国 9.1
文莱达鲁萨兰国 8.3
泰国 8.2
印度尼西亚 8.0
不丹 7.6
韩国 7.1
马来西亚 7.1

高
伊朗 6.5
图瓦卢 6.3
马尔代夫 6.2
越南 5.9
萨摩亚 5.3
斐济 5.1

中等 2.5%~5.0%
瓦努阿图 4.9
所罗门群岛 4.4
马绍尔群岛 4.1
阿富汗 4.1
菲律宾 4.0
老挝 3.5
瑙鲁 2.8
新加坡 2.6

低 <2.5%
巴基斯坦 2.5
朝鲜 2.5
孟加拉国 2.2
柬埔寨 2.2
基里巴斯 2.0
斯里兰卡 2.0
印度 1.6
东帝汶 1.6
日本 1.5
尼泊尔 1.2

非常低

成人超重

非常高 ≥60.0%
瑙鲁 88.5
帕劳 85.1
库克群岛 84.7
马绍尔群岛 83.5
图瓦卢 81.9
纽埃 80.0
基里巴斯 78.7
构建 78.5
萨摩亚 77.6
斐济 63.8
伊朗 61.6

高 40.0%~60.0%
瓦努阿图 57.1
蒙古国 55.6
所罗门群岛 55.0
巴布亚新几内亚 52.9
马来西亚 42.5
文莱达鲁萨兰国 41.2

20.0%~40.0%
泰国 32.6
朝鲜 32.3
中国 32.3
马尔代夫 30.6
韩国 30.3
巴基斯坦 28.4
印度尼西亚 28.2
菲律宾 27.6
不丹 27.1
老挝 25.4
缅甸 24.8
斯里兰卡 23.3

中等 10.0%~20.0%
阿富汗 23.0
柬埔寨 21.7
东帝汶 21.6
尼泊尔 21.0
孟加拉国 20.0
印度 19.7
缅甸 18.3

低 <10.0%

非常低

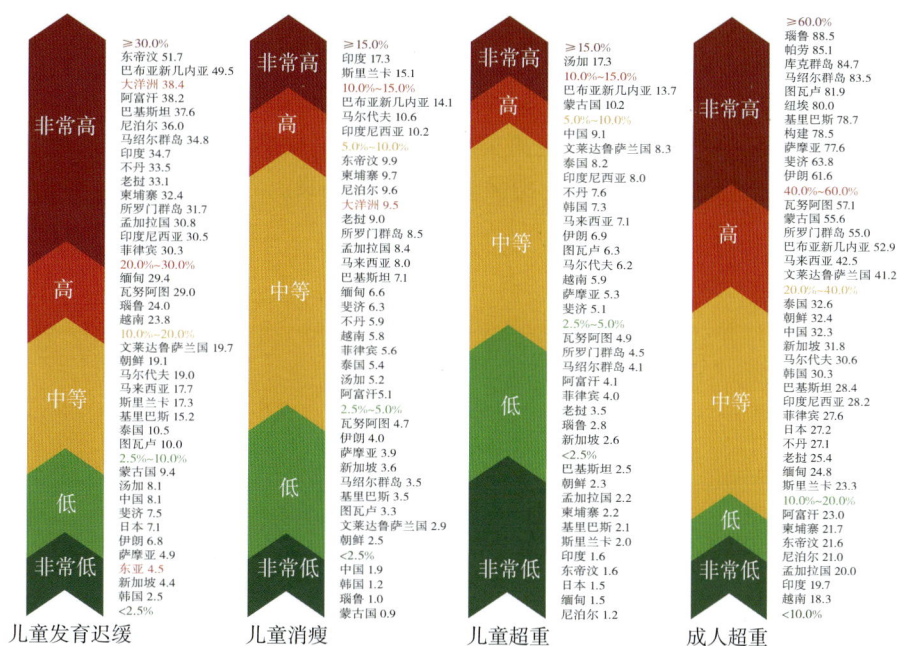

图 1-32　亚太地区营养不良水平（最新数据）（百分比）

资料来源：联合国儿童基金会（UNICEF）、世界卫生组织（WHO）和世界银行集团。2020. 联合国儿童营养不良估计扩展数据库：发育迟缓，消瘦，超重。纽约：世界卫生组织（WHO）。2020. 全球卫生观察站数据存储库［在线］。日内瓦。[引自2020年11月10日]。https://apps.who.int/gho/data/node.main.NCDMBMIOVERWEIGHTA?lang=en.

发育迟缓的发生率逐渐下降，但下降速度还不足以实现2025年和2030年的目标。消瘦仍然是一个巨大的挑战，特别是在南亚，许多国家都偏离了实现可持续发展目标和世界卫生大会关于消瘦的目标的轨道。在大多数国家，5岁以下儿童的超重发生率不到10%，但自2010年以来，东南亚和大洋洲的发生率一直在稳步上升。

虽然超过一半的婴儿1岁龄在某种程度上接受了母乳喂养，但是该地区只有不到一半的婴儿在出生后的头6个月接受纯母乳喂养。虽然一些国家特别是南亚在降低儿童和育龄妇女贫血患病率方面取得了良好进展，但是许多国家仍没有取得进展。

同样，饮食也呈现了截然不同的两面——有太多人食用过量的深加工食品，这些饮食能量很高，但营养成分相对较低。许多国家仍然有超过30%的婴幼儿（6～23个月龄）在任一天未食用任何水果和蔬菜。另一方面，在该地区的大多数国家，超过50%的幼儿在过去24小时内食用了鸡蛋或肉。

　　新冠肺炎疫情的全部影响程度尚不清楚，因为该病毒仍在世界各地广泛传播。有预测显示，粮食安全和营养状况将大幅恶化，尤其是对最脆弱的人群而言。为了避免这种结果，必须利用现有数据为政策和实践提供信息，同时也必须提高现有数据的质量。距离实现2030年议程仅剩十年时间，各国政府、发展伙伴和社区需要加紧努力，消除饥饿和营养不良。

健康膳食
　　为了更好地适应
气候变化，粮食体系
需要加强产品多样化
并提高生产力，从而
推动人类走向可持续
发展的健康饮食道路。
©ShutterStock/
EdmundLowe拍摄

印度

　　为了确保5岁以下儿童的安全和健康饮食，母亲和其看护者的营养教育尤为重要。

©iStock/IulianUrsachi 拍摄

第二部分

亚太地区母婴饮食体系方法

2.1 为什么关注母婴饮食？为什么使用体系方法？如何通过体系融合改善饮食？

2020年《世界粮食安全和营养状况》（SOFI）报告聚焦"实现粮食体系转型，保障经济型健康膳食"。这份全球报告提供的数据表明，健康膳食对许多家庭来说，尤其是处于贫困或正面临经济挑战的家庭，是无力承担的。并且全球超过30亿人无法负担最低价的健康膳食，这其中19亿人生活在亚太地区。[1]据估计，健康膳食的成本是仅仅满足能量需求成本的近五倍。[2]各种形式的营养不良与难以负担健康膳食、粮食不安全有关，导致这种情况的部分原因是相对于人们的收入而言，尤其对于大部分弱势群体来说，健康膳食的成本很高。而新冠肺炎疫情大流行只会加剧这个问题。

本报告聚焦母婴饮食，并将其作为组成全民经济型健康膳食的至关重要的部分。5岁以下的儿童以及备孕、孕中和产后的母亲，对于营养的需求更高、身体更加敏感脆弱，因此需要给予他们特别关注。由于该地区在完成区域性和国家性可持续发展目标和世界卫生大会的营养目标时已经偏离正轨（详见第一部分），为满足这些需求，就要集中并协调力量去改善孕产妇和幼儿的营养状况，并确保所有关键群体对于健康饮食可负担、可获得、可选择。

本报告侧重于驱动和决定亚太地区妇女和幼儿健康饮食的具体因素，并认识到营养食品的负担能力是获得健康饮食的主要驱动因素（详见插文10）。它反映了粮食、健康、水和卫生、社会保护和教育体系在实现全民健康饮食方面的作用和贡献。此外，它还将潜在的社会和行为决定因素作为影响母婴饮食的一个横向因素加以研究。报告旨在确定政府和共同体可以制定的关键政策和干预措施，使用体系融合方法进而促进改善饮食并实现国家和全球营养目标。

插文 10　健康膳食指导原则[3]

健康膳食

从出生起就尽早开始母乳喂养，纯母乳喂养从出生到6个月大，此后继续母乳喂养至两岁或以上，适当结合辅食喂养。

- 由种类丰富的未加工或加工程度较低的食物构成，保持食物类别间的平衡，同时限制深加工食品饮料[*]；
- 包括全麦、豆类、坚果类以及丰富多样的果蔬[**]；
- 适量蛋、奶、禽肉和水产品；少量的红肉；
- 将安全清洁的饮用水作为饮品的第一选择；
- 充足的（即满足需要但不过量）生长发育所需的能量和营养物质，并满足整个生命周期中对积极健康生活的需要；
- 符合世界卫生组织的指南，有助于降低膳食相关非传染性疾病的风险，保障大众的健康和福祉；[4]
- 可引起食源性疾病的病原体、毒素等其他致病媒介含量极少（如果可能，完全不含）。

[*] 食品加工可以提高膳食质量，改善食品供应和食品安全。然而，某些加工过程可能导致盐、添加的游离糖和饱和脂肪或反式脂肪的含量过高，大量食用这类产品会损害膳食质量。[5]
[**] 马铃薯、红薯、木薯和其他淀粉块根类植物未归类为果蔬。

在亚太地区的低收入和中等收入国家中，妇女和儿童的营养需求在很大程度上没有得到满足。在南亚，两成6～23个月龄婴幼儿未食用多样化饮食，[6]而在东南亚，每3个儿童里就有1名儿童存在这种情况（详见第一部分第1.10节）。同时，许多妇女和儿童的饮食中摄入了过量的盐、糖和脂肪。正如第1.8节和第1.9节所示，东南亚和大洋洲地区儿童和成年人的超重和肥胖发生率正急剧上升。同时，在亚太地区各个区域内，5岁以下儿童发育迟缓和消瘦的比例居高不下。世界上各种形式的营养不良包括幼儿、孕妇和哺乳期的妇女的营养不良的主要根源是膳食差。营养不良也是造成全球疾病负担的最大单一风险因素[7]，71%的死亡与不良饮食引起的非传染性疾病（NCDs）有关。[8]

母婴饮食受到以下一系列相关障碍因素影响：

食物的利用和供应，服务的质量和使用——包括保健、教育、社会保护和水与环境卫生服务。

喂养和护理实践的社会和行为决定因素。

反过来，这些决定因素又受到营养不良概念框架中更广泛的社会、文化、政治和经济因素的影响（图2-1）。

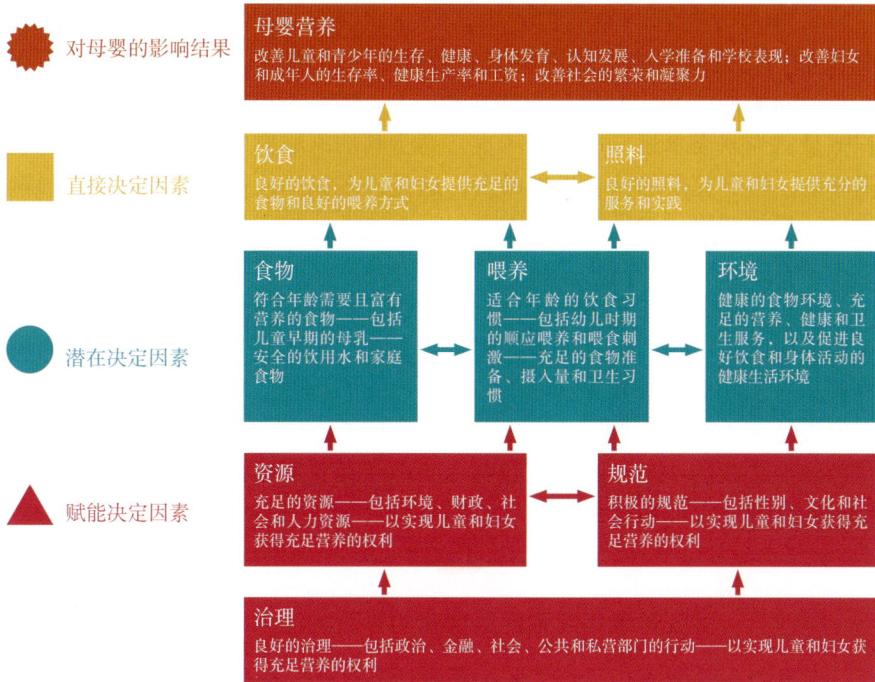

图2-1　母婴营养决定因素的概念框架

资料来源：联合国儿童基金会(UNICEF). UNICEF's approach to scaling up nutrition for mothers and their children. Discussion paper. Programme Division. New York. June 2015 [online]. [Cited 25 November 2020]. https://www.unicef.org/nutrition/files/Unicef_Nutrition_Strategy.pdf.

图2-2　母婴饮食系统方法

资料来源：联合国儿童基金会（UNICEF）2019. Maternal and Child Nutrition UNICEF Strategy 2020–2030. New York.

第2.3.4部分和2020年《世界粮食安全和营养状况》中提供的证据表明，19亿生活在这些地区的人难以负担健康饮食。虽然个别食物的价格并不因食物的供应对象而改变，但孕妇和哺乳期妇女、青春期女孩和5岁以下儿童的能量和微量营养素需求量（每千克体重）高于其他家庭成员。因此，满足这些特定需求的、营养充足的饮食更加昂贵，这是许多家庭往往负担不起的。影响膳食供应、经济和物质途径的其他因素包括季节性、与市场的距离、家庭决策和偏好等因素。

新冠肺炎疫情大流行可能会使健康饮食变得更加困难。经济紧缩造成的失业和家庭收入下降，使得许多人买不起食品，尤其是营养食品。学校停课可能导致学生错过根据学校方案提供的膳食和营养教育，校区封锁也可能导致取消分发维生素A。育儿实践可能会恶化，食品采购模式可能会转向保质期较长但营养状况较差的产品。医疗保健服务的中断和儿童保育实践的劣化也将进一步加剧对营养状况的负面影响。[9]

插文 11　实现母亲和儿童健康饮食的体系方法

有五个关键体系有助于实现健康的母婴饮食。每个体系都有贡献：

粮食体系——可以通过提供各种安全营养的食品，以及全年改善各种健康、安全、负担得起的饮食的供应、获取和消费，有助于健康饮食以及改善饮食多样性。粮食体系可以通过生产和收获后阶段最大限度地减少粮食损失和浪费，以及避免生产高糖、高脂肪和高盐的过度加工食品来实现这一目标。

医疗保健体系——改善卫生和营养服务的获取和使用，解决母婴膳食和喂养实践中膳食质量、知识和实践方面的差距。它通过促进健康的饮食习惯来做到这一点，包括限制食用高糖、高脂肪和高盐的食物。保健体系提供当地饮食无法充分供应的关键营养素的补充，通过优质咨询服务在孕期和哺乳期期间促进最佳婴幼儿喂养（IYCF）实践和母体营养，并在儿童和妇女营养需求不被满足的情况下，为发生的营养不良状况提供治疗。保健体系还提供预防疾病和治疗营养不良的免疫接种。

社会保障体系——可以改善社会保障服务的获取和使用，提高家庭负担能力，并且获得健康的饮食、健康和营养服务。它有助于改善健康和经济可负担的饮食的消费和获取，特别是对于弱势和贫困家庭而言。

水、环境卫生和个人卫生（WASH）体系——改善安全食品和水的获取和使用以及清洁家庭和社区环境，以实现卫生操作和安全食物的制备和储存。

教育体系——提供一个平台，让儿童和青少年接受良好营养实践的教育，并提供各种补充剂，例如铁。教育体系还为学龄儿童提供营养餐和营养教育。学前教育提供了一个平台，为照顾者提供营养食品和支持，同时为学龄前儿童提供早期教育。

两岁以下的儿童有特定的饮食需求。在孩子出生的头两年，最佳营养摄入可促进儿童健康成长并促进认知发展。有证据表明，儿童早期更好的营养还可以降低超重或肥胖以及今后患非传染性疾病的风险。[10]

6～23个月的婴幼儿应食用营养充足和安全的固体、半固体或软辅食。母乳喂养应持续到两岁或两岁以上。在补充喂养期间，适当的饮食应该是多样化、营养丰富的，没有多余的能量、饱和脂肪、反式脂肪、游离糖或盐。孕妇和哺乳期妇女也有特定的饮食和营养需求。世界卫生组织健康怀孕指南称，怀孕期间的健康饮食应该包含足够的能量、蛋白质、维生素和矿物质的摄入，通过食用各种食物获得，包括绿色和橙色蔬菜、肉、鱼、豆类、坚果、巴氏杀菌乳制品和水果。[11]还有关于孕妇在妊娠期应额外摄入多少卡路里的具体建议。建议女性在妊娠期服用微量营养素补充剂（铁叶酸或多种微量营养素补充剂）以防止微量营养素缺乏。铁叶酸（IFA）和多种微量营养素（MM）可以减少出生缺陷、低出生体重的情况并改善儿童健康和营养状况。[12]

插文12　体系视角下新冠肺炎疫情大流行对缅甸儿童及孕产妇营养的影响

据国际粮食政策研究所（IFPRI）[13]评估，受新冠肺炎疫情大流行的影响，缅甸面临营养不良风险的妇女儿童数量正在增加。这项研究预测了危机造成的影响儿童和母亲营养和健康状况的三个根本原因。第一个影响来自国家整体经济下降导致的收入损失。收入减少与饮食质量和摄入量的下降有关，家庭选择更便宜、质量更低的食物，可能会减少水果、蔬菜和动物源性食物的摄入。第二个影响来自不堪重负的保健体系对基本卫生保健和营养服务的供给中断，以及对卫生诊所疾病传播的恐惧，这可能影响到5岁以下儿童以及孕妇和哺乳期妇女营养不良的预防和治疗。第三个影响来自母乳喂养方式的改变，对新冠肺炎疫情会在母婴之间传播的担心，增加了5岁以下儿童营养不良的风险。

考虑到这些途径，该研究预测缅甸儿童和母体营养状况将发生重大变化。经济增长率下降8.6%（从6.4%降至-2.2%）可能会使消瘦发生率增加1.93%，基本卫生服务减少10%将会使消瘦发生率增加0.55%，以上这些将导致所有形式的消瘦增加2.5%。这相当于增加了11万余名5岁以下的消瘦儿童，及65万余名需要治疗严重急性营养不良的儿童。他们中的大多数人都在已经遭受危机打击的若开邦、钦邦和掸邦。

该研究估计，育龄妇女出现低身体质量指数（BMI）的风险会增加。在国民经济增长率下降8.6%的情况下，低身体质量指数的患病率将增加0.9%，相当于增加11.2万名年龄段处于15~49岁的女性。

最后，研究使用最低膳食多样性（MDD）对儿童饮食的影响，发现国民收入下降10%可能导致儿童膳食多样性的患病率下降20%，从新冠肺炎疫情大流行之前本就已经很低的23%下降到18.5%。该情况显然需要通过稳定收入（社会保护）、保证健康和营养服务（保健体系）、加强宅基地粮食生产（粮食体系）以及改进数据管理和监测来保护营养最脆弱的人群。

为什么使用体系方法？

为了改善所有人群的饮食和整体营养状况，我们需要一种针对所有营养不良和饮食的驱动因素和决定因素的多体系方法。单个部门的体系方法无法有效解决孕产妇和儿童饮食面临的复杂挑战，因为没有单个部门可以涵盖广泛的饮食的驱动因素和决定因素。粮食体系在营养食物的供应、经济和物质获取以及利用方面发挥着核心作用，但仅靠粮食体系并不能确保改善妇女和幼儿的生长和营养。孕产妇和儿童营养受到跨越食品、健康、社会保护、水、环境卫生和个人卫生和教育体系的一系列相互关联的决定因素的影响。母婴饮食还受到特定的经济、政治、社会文化和家庭动态的影响，这些动态会影响家庭、个人偏好、食物供应和服务交付。这些体系可以集体协作以便能够为负担得起的健康饮食提供有利条件和营造食物环境，同时确保与母婴喂养相关的充足营养服务和积极营养实践（图2-2）。体系方法加深了对食品、健康、水、环境卫生和个人卫生、社会保护和教育体系之间的相互作用和联系的理解，以及它们对孕产妇和幼儿饮食、营养和健康的影响。它明确了一个共同的目的和目标：为儿童、青少年和妇女提供更健康的饮食和更好的营养。

体系方法需要一个共同的愿景，超越这些跨越策略领域和组织边界的体系。体系方法需要政策和计划干预的连贯性，以及机构和行动者的战略参与，以便能够积极影响妇女和幼儿对有营养的、可负担得起的和可持续的饮食的获取和消费。此外，为了实现积极的综合营养效果和改善孕产妇和儿童的饮食，我们需要在这些多个部门和体系之间采取协调一致的行动以及连贯的支持性政策，例如食品、健康、社会保障、水、环境卫生和个人卫生和教育。这种综合方法将支持健康饮食的可持续提升和可持续发展目标以及世界卫生大会的营养目标的可持续发展。

2.2 总体行为、实践和文化驱动因素

除了实现母亲和幼儿健康饮食所需的补充体系外，我们还需要解决总体行为、实践和文化驱动等问题，以实现孕产妇和儿童饮食可持续发展。其中特别重要的是社会和文化驱动因素，它影响着母婴饮食的行为和规范。家庭内部的动态，包括女性在家庭中的地位和她们的决策能力、时间和工作量、偏好和食物禁忌，以及家庭财富，都对母亲和儿童每天摄入的食物产生重要且直接的影响。

来自全球和区域的证据表明，家庭内部动态和女性制作食物的决策和自主权购买会影响喂养方式和饮食。[14] 决定亚太地区家庭内部食物分配的已知因素包括——决策、控制和社会流动性、关于食物特性的宗教和文化信仰、议价能力、经济贡献和家庭地位等。[15] 劳动力流动性的提高意味着在一些国家，妇女对家庭食品购买的责任越来越大，这可以产生积极的影响。然而，在一些地区，妇女们不能自由前往市场，她们依靠丈夫和婆婆为家人购买食物，鲜能控制为年幼孩子购买的食品类别。当女性负责购物时，她们可能仍需要在购买某些商品前获得批准。

有关食物的禁忌、神话和规范本土化严重，并在子区域层面各有差异。[16] 妇女，尤其是少女，往往等到最后才能吃东西，而且在粮食短缺时她们往往最先减少食物摄入。[17] 对于年幼的孩子，他们的饮食是由看护人决定的，取决于家庭是否能够负担得起，以及认为是否适合他们食用，且须为可获取的食物。在许多情况下，主要照顾者和家庭成员不给幼儿、孕妇和哺乳期妇女提供营养丰富的食物。[18] 在许多国家，看护者认为幼儿不能食用或消化动物源性食物，或者认为某些食物会伤害儿童（例如，认为吃鸡蛋会使孩子耳聋）。对于孕妇和哺乳期妇女，尤其是对于自主性有限的青春期母亲而言，家庭成员和社区对她们食用食物的影响尤其有害。在亚太地区许多地方，对怀孕期间和产后所吃食物的固有观念一直在持续，并且这种观念限制妇女在怀孕期间食用鸡蛋、肉类和鱼类。[19]

对怀孕期间健康饮食的重要性和幼儿最佳喂养方式的认识不足是改善饮食和整体营养状况的重大障碍。在南亚和东南亚，看护者和家庭关于喂养频率、一致性、数量和质量的知识相对有限。即使护理人员清楚婴儿的正确喂养行为，但数据表明这并不能改进做法，因为整个地区的饮食多样性、喂养频率（见1.9）和患病期间的喂养都很低。

对幼儿而言，母亲和家庭成员对健康饮食的认知是一个障碍，但女性的工作量和时间是健康饮食的另一个重要限制因素。对孟加拉国、巴基斯坦、缅甸、柬埔寨和老挝城乡地区妇女的研究报告表明，时间有限是为儿童提供健

康饮食的主要障碍。[20] 工作和家务也限制了妇女在关键的1 000天内（指从受孕到孩子两岁）为自己准备营养食物的时间。亚太地区正式和非正式高强度的劳动意味着母亲用于母乳喂养、休息、吃饭和准备饭菜的时间更少。对在南亚和东南亚服装厂工作的女性进行的研究表明，许多职业女性没有足够的时间和金钱（由于寄钱回家）来进行健康饮食，而且往往体重不足并且微量营养摄入不足。[21] 妇女可用时间的减少与儿童、母亲[22]和家庭对高能量、精制糖和盐的加工食品和饮料的消费增加相吻合。

创新和综合干预以及社会行为改变沟通（SBCC）战略可用于所有体系，以改变在粮食安全领域中影响孕产妇和儿童饮食的规范、行为和实践。[23]此外，针对改善获取营养食品和保健服务、照顾者、家庭和社区知识和收入的其他体系的投资，扩大了对社会和行为改变干预措施的影响。[24]

有效的社会和行为改变策略包括战略性地使用数据和成形的研究；确定特定的社会和行为决定因素和障碍行为；确定谁影响了母亲；将行为优先考虑为"可行的小行动"；量身定制干预措施和沟通，以接触不同的受众；不止一次联系看护人，并使用多种沟通渠道和平台与其联系。[25]

保健体系通常使用社会行为改变沟通策略，并且在其他体系中更加强调社会行为改变沟通策略将有助于多体系改善孕产妇和儿童饮食。跨体系的社会行为改变沟通方法示例包括：

食品体系——农民田间学校抑或农民营养学校[26]可以让看护者了解多样化饮食、性别规范的重要性，并通过改善农业技能和资源转移增加家庭获得营养丰富的食物的机会。在孟加拉国，为女性农民开办的农民营养学校显示：在女性中，动物源性食品的消费量有所增加以及家庭家禽饲养和水产养殖的生产力有所提高。[27]

社会保障体系——信息传递和软性条件可以与社会保护计划结合使用，并接受现金与食品转移（二者皆可或选其一），以提高护理人员的知识，增加母婴膳食的支出，并通过有效的社会行为改变沟通策略将参与者与健康营养服务联系起来。

医疗保健体系——保健体系通常采用个人、团体咨询和社区动员活动来解决与饮食和家庭内部食物分配有关的社会规范和家庭实践。孟加拉国的经验证明，大规模实施包括咨询、大众媒体和社区动员在内的全面社会行为改变沟通策略可以改善补充喂养实践。[28]

水、环境卫生和个人卫生体系——综合营养和水、环境卫生和个人卫生体系的社会行为改变沟通策略可以改善家庭和社区的卫生习惯，有益于饮食和健康。社会行为改变沟通策略和特定的干预措施改善环境卫生还将通过减少儿童接触病原体对饮食产生间接影响。在柬埔寨，小规模灌溉计划同样有助于改善饮食。环境卫生和个人卫生体系的社会行为改变沟通策略活动被整合并且通过社区动员和大众媒体开展营养活动，同时为水、环境卫生和个人卫生体系提供资源投入。该计划减少了露天排便，改进了洗手习惯和饮用水处理，这对儿童营养状况、饮食和整体健康产生了连锁反应。[29]

教育体系——学校提供了一个极好的平台来教育青春期女孩和男孩了解营养丰富和健康饮食的重要性。[30] 孕产妇教育与改善最佳婴幼儿喂养（IYCF）实践和孕产妇膳食多样性密切相关。[31]

2.3　食品体系

食品体系涵盖面很广，包括从农业生产到消费和食品处理的生产、加工、处理、营销、贸易以及监管粮食和农产品的所有活动和参与其中的行为者。因此，食品体系不仅仅是食品供应链，它还包括食品环境、消费者对食品的需求、选择和准备等行为。此外，这些活动发生时所处的社会政治、经济和技术环境也会影响整个食品体系。[32]

亚太地区的食品体系正面临相当大的挑战。这些挑战主要与经济增长、城市化和全球化、不断变化的饮食模式、气候变化、可持续性、持续的冲突和危机以及日益严重的不平等有关。所有这些挑战都对地方、国家和区域层面的食品体系产生重大影响。[33]

各国需要采取一系列协调一致的行动来改变食品体系，以使所有地区全年都更容易获得、负担得起营养食品，尤其是最脆弱的人群，包括孕妇和哺乳期妇女和儿童。[34] 各国应投资并促进可持续发展农业和食品体系，以加强粮食生产。同时，政府应规范高脂肪、高盐和高糖（HFSS）食物、低微量营养素和低膳食纤维的消费，采取诸如征收糖税、限制向儿童销售HFSS食品和饮料，在包装上贴上标签，注明不健康的营养成分，产品重新配方（如消除作为食品成分的反式脂肪，减少脂肪、盐和糖含量）等措施。为了更有效地改变消费者的饮食行为，必须让消费者了解健康饮食习惯的重要性，并同时配套提升政策和立法的推行。例如，国家发展为农业、食品和营养政策提供信息的以食品为基础的膳食指南（FBDG）应与促进母亲和儿童的健康饮食和补充喂养以及营养教育相辅相成。在社区、医院、工作场所以及其他公共和私人机构建立起健康的饮食环境是至关重要的，健康饮食环境的建立还要覆盖正式和非正式的食品供应商、餐馆和美食广场、托儿设施、学校供餐计划和学校食品环境等场景。[35]

*健康饮食相关的食品生产

所有人都能获得负担得起的健康饮食取决于许多因素，包括生产足够的营养食品，这可以使农民通过自己消费和创收受益，并使农民能够在市场上购买更多不同的食品；充足和多样化的生产也有利于消费者，因为这样会使营养食品在市场上更便宜。

> ### 插文13 亚太地区通过街头食品促进健康饮食情况
>
> 城市粮食体系内的非正规粮食部门在为城市化进程中的亚太地区人民提供粮食方面发挥着关键作用。经营者包括有固定售货亭或流动摊点的街头食品摊贩、市场摊贩、小餐馆和路边咖啡馆等。城市居民，特别是贫困和弱势群体，越来越多地依赖街头食品作为日常膳食，这些街头食品更多出现在便利的地点，并具备可消费性的特点。
>
> 非正规食品部门为社会经济地位较低的群体（包括妇女、失业者、文盲和移民等）创造就业和收入。亚太地区各种形式的营养不良和非传染性疾病（NCD）日益流行，引发了人们对街头食品健康与营养的关注。我们需要十分重视通过非正规食品部门促进健康饮食，因为这会成为转变城市食品体系的切入点，以改善食品安全和营养并预防亚太地区的非传染性疾病。[36]
>
> 非正规食品部门也需要支持、监管和提高能力，以便在安全和卫生的食品环境下向消费者提供安全、优质和有营养的食品。联合国粮食及农业组织和世界卫生组织与各国政府和其他伙伴合作，正在通过非正规食品部门联合推广健康饮食，并拟发布政策简报、工具包和试点研究，以支持各国将城市食品体系转变为健康饮食。

在全球范围内，只有中高收入国家和亚洲有足够的水果和蔬菜，可以满足联合国粮食及农业组织和世界卫生组织建议的每天至少摄入400克果蔬的要求。然而，在亚洲的许多国家，人们严重依赖碳水化合物（例如大米等当地主食），却没有足够营养丰富的食物。在东南亚和南亚分别有超过46%和57%的人负担不起健康饮食（参见图2-3和图2-4中对各种食品成本的补充分析）。[37]

由于该地区有如此多的人无法通过饮食获得足够的营养，该地区似乎必须要通过增加鱼、家禽、水果和蔬菜等营养食品的产量，才可根据可持续发展目标2来消除营养不良。[38]然而，增加营养食品的生产面临着各种挑战：[39]

1.农民可能不具备种植新作物和生产新食品需要的新知识。

2.并不是所有的土地都适合生产新的食物，如水果和蔬菜——农业生产的选择在很大程度上受当地气候、水源、地形和土壤的影响，且其中大部分影响因素是无法改变的。

3.许多水果需要几年的时间才能收获，农民在过渡期间需要另一种收入来源。

4.种植水果和蔬菜或从事水产养殖或畜牧业往往比种植水稻风险更大，产量和价格都会有更大的波动。

5.水果和蔬菜的生产比水稻更加劳动密集。[40] 这意味着，在工资上涨的国家，生产成本不断上升，尽管较高的产出价格应能弥补这一点。[41] 而劳动强度的增加则意味着农村穷人可能有更多的就业机会。[42]

6.一些国家的大米进口限制大幅提高了国内大米价格，从而阻碍了农民种植其他作物。

克服这些障碍去生产更有营养的食物需要在制度和政策方面创新：改进外延系统（包括通过更多地使用数字技术）；展开不同农业生态区不同作物的适应性研究；改善对气候变化的适应，要为农民提供灵活的信贷额度和投资的政策；以及对那些想种植更有营养作物的农民提供支持政策。例如，加强宣传本土的营养作物。[43]

案例研究1　印度尼西亚营养不良、膳食模式和以减少温室气体排放为目标的可持续膳食（更多详情请参见全球《2020年粮食安全和营养状况》报告)[44]

印度尼西亚是一个新兴的中低收入国家，已经在减贫方面取得了重大进展。其营养不足发生率（POU）目前约为8%，与整个亚太地区（8.2%）处于同一水平，低于东南亚次区域（9.8%）的平均水平。然而，该国仍然面临着营养不良的三重负担：①超过1/3的5岁以下儿童发育迟缓问题；②1/4的成年人超重或肥胖问题；③普遍存在的微量营养素缺乏问题。

印度尼西亚目前的饮食以谷物和淀粉类根茎为主（大米最为主要），它们提供了印度尼西亚70%的饮食能量需求。然而这类饮食能量摄入高于印度尼西亚基于食物的膳食指南（FBDG），其蛋白质摄入则低于该指南，这导致印度尼西亚饮食多样性呈现较低水平，由此导致必需微量营养素摄入不足，从而影响人们的短期与长期健康。此外，从大米以及其他高脂肪、高糖食物中摄入过多能量，也会导致超重和肥胖的患病率增加。

印度尼西亚人需要消费更多样化的饮食，以满足营养需求，防止营养不足及其对人力资本发展的影响，并预防非传染性疾病。然而这并非易事，其挑战在于即使在限制动物源性食品消费增长并把重点放在非反刍动物和海产品作为蛋白质和微量营养素的动物来源的情况下，与今天消费的饮食相比，摄入更少大米的更多样化的饮食成本会更高，温室气体排放量也会更大。

减少大米的摄入量是十分有意义的建议，同时饮食习惯和食品生产模式也应进行重大的改变。"无红肉""鱼素""低食物链"和"纯素"饮食的温室气体排放量均低于当前的食品消费模式。然而，只有后两者的温室气体排放量低于可持续粮食体系的目标。在营养充足方面，"优化饮食"的温室气体排放量最高。

旨在改善满足营养需求、同时可能有助于减少温室气体排放的更多样化健康饮食的获取和可负担性的政策制定，需要将重点放在降低营养食品的成本、增加营养价值和促进使用可持续农业实践等方面。这一政策变化的关键切入点很可能是通过食品生产、食品价值链优化、食品强化和创造健康的食品环境，而这需要与通过社会保护使最脆弱和贫穷的消费者更好地获得营养食品的政策相辅相成（如学校供餐方案和健康的公共采购政策等）。

*食物供应链、市场和食品环境

消费者能否获得营养食品取决于食品供应链的总体类型和它们的营养功能。[45] 食物供应链可分为传统、过渡和现代供应链：

传统供应链短且本地化，由无数劳动密集型企业主导家庭微型企业，约占南亚食物体系的10%，而在东南亚仅占5%。

过渡供应链分别占南亚和东南亚食品经济的70%和50%。尽管这方面的数据很少，但它们在太平洋地区可能更为普遍。这些市场从农村延伸到城市，围绕着公共批发市场和生鲜市场以及成千上万的劳动密集型中小企业发展。

现代供应链是资本密集型的，往往由大型加工企业和超市主导。它们在南亚的粮食体系中约占20%，在东南亚约占45%。[46]

插文 14　母乳代用品（BMS）和补充食品的营销——亚太地区现状

为了保护、促进和支持母乳喂养，世界卫生大会1981年通过了《国际母乳代用品营销守则》（以下简称"守则"）。制定和执行强有力的国家法律措施对于确保父母和其他照顾者免受不适当或误导性信息的影响是至关重要的。这项守则的实施还确保了卫生工作者、其所在专业协会和卫生机构不推销母乳代用品，或违规接受母乳代用品制造商或分销商的支持。[47]

证据表明，母乳替代品的持续和激进营销是妨碍维持及提高母乳喂养率举措有效推进的主要因素。[48]各国都需要制定、执行和加强立法，来制止那些与母乳喂养竞争的食品的不当营销，并制止可能对婴儿喂养方式产生的诸多负面影响。

2020年世界卫生组织、联合国儿童基金会和国际婴儿食品协作网络联合发布的《国际守则国家实施情况报告》表明，亚太地区在制定法律措施方面仍面临重大挑战。报告评估了亚太地区的37个国家的有关情况，其中仅有5个国家的法律措施与守则基本一致，[49]10个国家的措施与守则适度一致，[50]4个国家只纳入了《守则》的部分条款，[51]而18个国家根本没有采取任何法律措施。[52]

然而，即使立法到位，制造商依然花费大量资源用于营销母乳代用品，因此非法推广母乳替代品及其激进的广告策略仍十分常见。当前，母乳代用品市场强劲且不断增长，尤其是面向6个月以上儿童的"成长奶"和"后续"的配方奶粉，不仅对该地区的纯母乳喂养和持续母乳喂养率产生负面影响，而且6个月大后看护者用"成长奶"代替营养补充食品对儿童饮食质量也产生严重的负面影响。尽管商家向父母大力推销其产品必需的维生素和矿物质含量很高，实则成长奶和后续配方奶粉是没有必要的，而且它们的配方也并不能用来代替营养补充食品。

与针对较大婴儿和幼儿的母乳替代品不同，婴儿谷物食品等一些健康的辅助食品可以成为幼儿必需营养素的重要来源。尽管亚太地区的市场很小，但该地区尚未就健康辅食配的健康标准和最低标准形成完善的指南。采用基于食品法典委员会（Codex）补充食品配方指南的营养状况模型，并配合其他立法和政策措施，以限制向儿童销售某些食品，这对于改善幼儿及其照顾者的食品环境将至关重要。

向消费者出售食品和消费者获取食品的地点和方式取决于普遍的价值链类型，从而影响营养和饮食结果。在传统的食物链中，可以获得新鲜或最低限度加工的食品，但季节性太强，导致可能会在一年中的某个阶段减少当地重要食品及营养食品的供应或获取。[53]相比之下，现代食品链为消费者提供种类繁多的加工包装食品，这些食品通常既便宜又方便，但不一定有营养。此外，在现代食物链中，食物通常一年四季都可以买到。食物链的特性不可避免地会对母婴膳食产生影响，城市地区由于家庭生产有限，这一影响更为突出。

由于电商超市购物和送餐服务的出现，地区性的食品格局正在迅速变化，尤其是在城市化的亚洲。[54]在城市中产阶级消费者持续激增的支撑下，电商超市购物成为亚洲超市市场增长最快的渠道。[55]当前，亚洲已成为电商超市购物

案例研究2 斐济、菲律宾通过规范食品营销以预防儿童肥胖

1. 斐济针对儿童和青少年的食品营销

在斐济，约37%的5～9岁儿童和33%的10～19岁青少年超重。高脂

肪、高糖和高盐食品和饮料的消费在儿童和青少年中十分常见，这与体重的增加高度相关。[56]

虽然许多因素会影响儿童的饮食模式，但高脂肪、高糖和高盐食品和饮料的营销和促销以越来越高的强度和频率渗透到儿童的生活中，影响着他们的食物偏好、购买和消费。在斐济，此类营销促销主要通过电视、广播、街头广告（标牌）和赞助学校体育赛事来接触儿童。[57]大约77%的小学生和59%的中学生表示他们"观看并收听"了相关广告。超过90%的人消费了广告中的食品，而这些食品实则对健康无益。[58]食物环境的不断变化对儿童的饮食模式产生了负面影响。同时，高脂肪、高糖和高盐的加工食品很容易买到，而且还比传统食品更受人们的青睐。

斐济政府推进了一系列举措以解决向儿童推销食品的问题，并批准了《保护儿童免受食品营销有害影响的区域行动框架》。[59]斐济支持成员于2018年建立的太平洋消除儿童肥胖症网络，并承诺支持包括限制向儿童推销不健康食品和非酒精饮料等三个优先领域的干预措施。斐济在解决广泛存在的不健康食品广告营销问题上仍然任重道远，加强国家层面的举措尤为迫切。

2. 菲律宾的学校食品政策和销售限制

尽管学校内部多措并举改善营养，但这些努力很可能会被城市地区学校周围的食品环境所破坏。一项关于菲律宾马尼拉学校营养环境的研究表明，大多数广告食品和饮料都含有高脂肪、高糖或高盐，并且食品广告的密度在离学校最近的地区是离学校远的地区的两倍。[60]

教育部发布了关于学校健康食品和饮料选择的政策和指南，该指南代表着菲律宾教育部门相对强大的政策框架。然而，由于缺乏用于实施、规划和执行的人力和财力资源，导致该政策对学校食品供应和环境健康的影响作用甚微。食品公司利用与学校的现有关系来推广自己的品牌，并在建立更强有力的食品政策议程方面做出妥协。[61]以上经验表明，菲律宾需要更有力的规划流程实施并投入更多人力财力资源，以保障在学校环境中促进健康饮食习惯政策的采纳与执行。

限制接触饱和脂肪、反式脂肪酸、游离糖或盐含量高的食品广告被广泛认为是最具成本效益的儿童肥胖预防方法之一，限制接触市场可能有助于减少低收入儿童面临的不平等。然而，各个国家在电视上向儿童推销食品和饮料的政策各不相同，而且往往执行并不得力，最后只能以儿童仍然面临大量的高快餐、高糖和高盐食品和饮料的营销而告终。

这一类别的全球领先者，以中国、日本和韩国为主，[62] 印度、印度尼西亚和泰国紧随其后。[63] 然而在市场份额方面，亚洲的电商超市市场份额仍然相对较小，即使在中国也是如此（占该国超市总销售额的6.6%）。[64] 在韩国，电商超市购物正在削减传统渠道销售（预计到2023年将占总市场份额的14%）。[65]

插文15　通过稻米强化改善孟加拉国弱势妇女的微营养素状况[66]

缺乏微量营养元素是孟加拉国最大的公共卫生问题之一，40%的孟加拉国育龄妇女患有贫血症。他们的膳食多样性很低，每人每天的大米消费量高达438克，占每日热量摄入的77%。虽然当地一直在努力促进饮食多样化，但由于大米价格实惠，加之其文化接受度高，大米仍然是当地饮食的最基本组成部分。

鉴于当地社区有限的饮食多样性和大米消费模式，孟加拉国国际腹泻病研究中心（ICDDR，B）和世界粮食计划署在2018年开展了一项研究，研究测量了强化米在解决弱势妇女的贫血和缺锌问题上发挥的作用。该研究跟踪了五个地区的800多名女性弱势群体发展（VGD）计划受益人，干预组每月接受30千克强化米，而对照组每月接受30千克非强化米，实验持续12个月。

研究结果表明，有针对性地向育龄妇女分发强化米可以显著减少贫血和锌缺乏症。[67] 强化米组的贫血患病率降低4.8%，但非强化米组增加了6.7%。研究结果还表明，食品强化是用于增加获得更多营养丰富的食物机会的有效解决途径。与多样化和可持续食品体系的诸多努力结合起来，食品强化可以为改善饮食质量做出积极贡献。自研究结果公布以来，弱势群体发展计划已将提供强化米纳入其中。

电商超市可能不会很快超越线下市场渠道。尽管如此，它正在以多种方式深刻地改变着亚洲的食品体系：从重塑零售业态和革新食品营销及广告实践，到改变物流，尤其是"最后一英里"的配送，甚至可能加快开发更营养、更健康的快捷食品新品类。[68]

近年来，亚洲国家已经见证了微加工的、富含营养的、带有健康声明的食品，如有机食品、清洁食品、功能食品[69] 和无公害食品，不含麸质、无乳糖、无大豆的食品等的供应量大幅增加。[70] 这些食品的开发正是来自应对不断变化的消费者需求，同时也关系到母婴饮食，尤其是因为儿童中的食物过敏比率正在逐年攀升。例如，亚太地区是全球有机食品[71]、无肉产品和促进肠胃健康（声称）的食品增长最快的市场。

在消费者追求更高水平的营养意识的推动下，亚洲食品行业一直致力于通过产品创新和重新配方的办法来提供营养的各种解决方案。[72]印度和新加坡的食品制造商在重新配制食品时会强化食品，马来西亚和泰国的食品公司已经调整了多种配方以减少糖、盐或脂肪的含量。[73]在印度，为通过更实惠的食品政策，积极促进改善蛋白质和纤维的消费，政府已将豆类纳入公共分配系统（PDS）的补贴商品清单（另见关于社会保障的第2.6节）。[74]

亚洲地区的许多政府都推出了有利于营养的法规和激励措施。[75]例如，2017年，文莱和泰国推出了影响某些软饮料和果汁的糖税，菲律宾和马来西亚分别在2018年和2019年效仿推出类似法律。[76]同样，2019年，新加坡为改变公众对糖的看法，决定禁止一切含糖饮料广告。许多太平洋岛屿国家在早期已征收糖税，例如汤加在2013年、基里巴斯在2014年、斐济在2016年征收糖税。[77]

相比之下，尽管太平洋岛国地区在脂肪、盐和糖含量的监管方面也取得了积极进展，但对声称具有健康益处的食品的监管仍然非常有限。随着市场和产品密度的不断发展，政府及其卫生机构需要解决这个问题。

*食品强化

在亚太地区，缺乏多样性且质量不高的饮食是母婴营养欠佳的主要风险因素之一。[78]在粮食体系无法提供健康饮食的情况下，生物强化（培育作物以增加其营养价值）或用微量营养素强化补充食品和主食将成为一种具有成本效益的选择（尤其是对贫困人群而言）。[79]在许多情况下，这将在提高饮食质量和在中短期内解决隐性饥饿方面有很大的潜力，而不需要付出过多的努力。[80]

关于生物强化，亚太地区已经测试或发布了许多品种，如强化铁、锌或维生素A等。在主食和家庭强化微量营养粉的使用方面，食品强化在亚太地区普遍存在。盐等调味品以及小麦粉和大米等主食的营养强化已经持续了几十年，据报道，该地区有20多个国家有强制性的盐营养强化要求。在孟加拉国，政府会有针对性地把强化米分发给育龄妇女，通过弱势群体发展计划大大减少了受益者的贫血和锌缺乏症（见插文15）。[81]

家用的强化微量营养粉在该地区也很常见。据世界卫生组织称，[82] 40%的东南亚地区（SEAR）国家和69%的西太平洋地区（WPR）[83]国家报告向6～23个月大的儿童分发了微量营养粉（见案例研究4）。这也有助于降低幼儿和妇女[85]营养充足饮食[84]的成本。

在巴基斯坦、缅甸和菲律宾，营养产品的市场供应，例如用于哺乳期妇女的强化大米和超级谷物，可以将营养充足饮食的成本降低20%~24%。为6～23个月的儿童免费提供专门的营养食品，例如巴基斯坦生产的鹰嘴豆，这种即食能量和营养密集型食品（Wawa Mum[86]），可将儿童营养充足饮食的成本降低76%。在市场上销售该产品仍可以将营养充足的饮食成本降低24%。向孕妇和哺乳期妇女提供多种微量营养素片剂可以降低营养充足的饮食成本，如在斯里兰卡可降低40%的饮食成本，而在缅甸则可以降低55%的饮食成本。[87]

通过社会援助、保健体系或市场也可以为幼儿及其母亲提供必需的微量营养素，继续通过社会保护和保健体系倡导提供强化食品是必不可少的。此外，各国应考虑创造有利的环境，促进公私伙伴关系，以促进和在当地市场提供负担得起的、高质量的强化补充食品和食品补充剂。为确保食品安全，市场上应存在多种强化食品，各国应考虑定期开展风险评估，并在卫生、食品和社会保护体系中加强对同时存在的食品强化和营养素补充计划的协调。[88]

*饮食成本与负担能力

孕产妇和儿童饮食以及所有人的饮食的关键决定因素是其成本和负担能力。为了更好地了解亚太地区饮食成本和饮食可负担性，本报告模拟了三种饮食模式，一是能满足对膳食能量的基本需求的"能量充足膳食"，二是包括足够的膳食能量和广泛的常量和微量营养素的"营养充足膳食"，三是包括更多样化食物的"健康膳食"。以上三种饮食特点的具体描述详见插文16。[89]

插文16　成本和可负担性分析中使用的三种饮食描述[90]

该分析检查了三种饮食的成本和可负担性，以模拟饮食质量的递增水平，从基本的"能量充足型饮食"开始，到"营养充足型饮食"，再到"健康膳食"。

提高饮食质量的三个步骤

健康膳食
包括来自多个食物组的食物，并且在食物组内具有更大的多样性

营养充足膳食
满足所有必需营养素的要求水平

能量充足膳食
满足短期生活需要

1. 能量充足膳食

这种饮食为每天工作的能量平衡提供足够的卡路里。这是仅使用特定国家的基本淀粉类主食（例如仅玉米、小麦或大米）来实现的。

2. 营养充足膳食

这种饮食不仅提供足够的卡路里，而且通过碳水化合物、蛋白质、脂肪、必需维生素和矿物质在所需上限和下限内的均衡组合，提供23种常量和微量营养素的相关营养摄入值以防止缺陷和避免毒性。宏量营养素摄入量在医学研究所设定的可接受的常量营养素分布范围（AMDR）内。[91]

3. 健康膳食

这种饮食提供足够的卡路里和营养，但也包括来自几个不同食物组的更多样化的食物摄入量。这种饮食旨在满足所有营养摄入要求，并帮助预防各种形式的营养不良，包括与饮食相关的非传染性疾病。

本报告对这三种饮食的分析提供了每种饮食的成本和负担能力的详细信息，以及无力负担每种饮食的人数。虽然全球准则为健康饮食的内容提供了参考，[92]但具体饮食是需要根据　个国家的文化背景、当地可获得的食物和饮食习惯在全国范围内进行调整的。

亚太地区26个国家能量充足膳食的平均成本为每人每天0.93美元，其中澳大利亚和新西兰为0.40美元/（人·天），东亚为1.27美元/（人·天），太平洋地区为0.85美元/（人·天）（仅斐济有数据可用），东南亚0.92美元/（人·天），南亚0.80美元/（人·天）。[93]此外，亚太地区营养充足的饮食和健康饮食的费用分别为2.34美元/（人·天）和4.15美元/（人·天）。综合以上数据，亚太地区能量充足膳食、营养充足膳食和健康膳食的成本均高出全球平均水平［全球平均水平为：能量充足膳食0.79美元/（人·天），营养充足膳食2.18美元/（人·天）和健康膳食3.75美元/（人·天）］。

在亚太地区，营养充足膳食[94]的成本是能量充足膳食的1.1 ~ 6.3倍，而健康膳食[95]成本是能量充足膳食的1.8 ~ 9.4倍（图2-3）。[96]虽然大多数人都能负担得起能量充足膳食，但据估计，全世界超过30亿人负担不起健康膳食，[97]近2/3（18.94亿人）生活在亚太地区，其中包括南亚13亿人，东亚2.3亿人，东南亚3.255亿人和大洋洲50万人（表2-1）。

在许多国家，贫困人群将不得不花费他们总收入的大部分甚至全部来获得足够数量的基本营养素和多样化的营养食品；并且对于一些国家而言，即使是这样依然不够。在这种情况下，负担能力成为了实现健康膳食不可逾越的障碍。

健康膳食可负担性的关键驱动因素之一是水果和蔬菜以及富含蛋白质的食物（植物和动物来源的食物）的成本。与淀粉类主食和脂肪相比，这些食物对健康膳食成本的贡献要大得多（图2-4）。

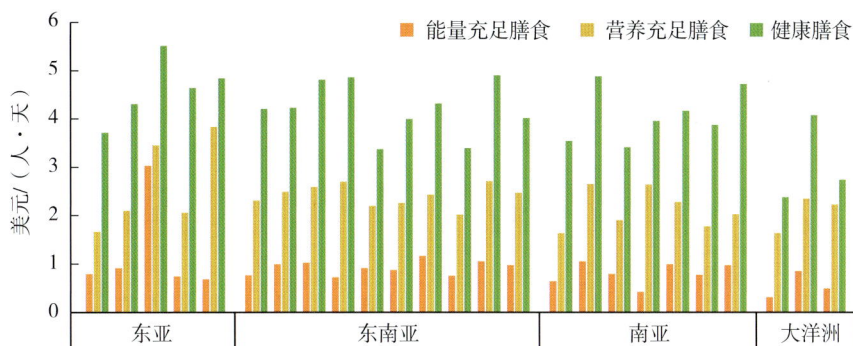

图2-3 2017年亚洲及太平洋区域25个国家（地区）每人每天的3种膳食成本（美元）

注：该表显示了2017年三种参考饮食（能量充足、营养充足和健康饮食）每人每天的美元成本。该分析是基于2017年已有零售食品价格数据的170个国家的样本。价格从世界银行的国际标准化项目的国际比较方案（ICP）中获得，并使用购买力平价（PPP）转换为国际美元。这三种饮食的定义见插文16。有关完整的方法说明和数据来源，请参见《2020年全球SOFI报告》的附件3。

资料来源：Herforth, A., Bai, Y., Venkat, A., Mahrt, K., Ebel, A. & Masters, W.A. 2020. *Cost and affordability of healthy diets across and within countries.* Background paper for The State of Food Security and Nutrition in the World 2020. Rome, FAO.

表2-1 全球超过30亿人负担不起健康膳食，其中约190万人集中在亚太地区

	能量充足的饮食		营养充足的饮食		健康饮食	
	%	数量（百万）	%	数量（百万）	%	数量（百万）
澳大利亚	0.2	<0.1	0.5	0.1	0.7	0.2
孟加拉国	0.1	0.2	18.9	30.2	74.6	119.1
不丹	0.2	<0.1	12.9	0.1	45.8	0.3
中国	<0.1	0.8	0.8	10.9	16.3	225.7
斐济	<0.1	<0.1	9.6	<0.1	41.3	0.4
印度	0.9	12.2	39.1	523.1	77.9	1 042.5
印度尼西亚	1.1	2.9	34.0	90.0	68.8	182.0
日本	0.9	1.2	1.2	1.5	2.1	2.6
老挝	0.5	<0.1	51.2	3.6	83.3	5.8
马来西亚	<0.1	<0.1	0.1	<0.1	1.0	0.3
马尔代夫	<0.1	<0.1	1.0	<0.1	6.5	<0.1
蒙古国	<0.1	<0.1	4.2	0.1	42.5	1.3
缅甸	0.2	<0.1	17.7	9.5	60.9	32.5
尼泊尔	1.9	0.5	36.1	10.0	76.2	21.0
巴基斯坦	<0.1	<0.1	10.3	21.3	68.7	142.9
菲律宾	2.6	2.7	30.6	32.1	63.0	66.3
韩国	<0.1	<0.1	1.0	0.5	1.5	0.8

（续）

	能量充足的饮食		营养充足的饮食		健康饮食	
	%	数量（百万）	%	数量（百万）	%	数量（百万）
斯里兰卡	<0.1	<0.1	6.8	1.5	53.5	11.5
泰国	<0.1	<0.1	1.8	1.2	19.5	13.5
越南	0.6	0.5	9.5	9.0	26.6	25.2
亚太	0.5	21.2	14.4	744.8	41.5	1 893.9
东亚	0.3	2.0	1.8	13.0	15.6	230.4
*太平洋地区（数据仅适用于斐济）	<0.1	<0.1	9.6	<0.1	41.3	0.4
东南亚	0.7	6.3	20.7	145.4	46.2	325.5
南亚	0.5	12.9	17.9	586.1	57.6	1 337.4
世界	4.6	185.5	23.3	1 513.0	38.3	3 021.5

注：该表显示了2017年每个国家或地区无法负担三种参考膳食（能量充足膳食、营养充足膳食和健康膳食）的人口百分比（%）和总数（百万）。可负担性将每种饮食的成本与特定国家的平均预计收入进行比较，假设63%的可用收入可以可靠地用于食品。当某种饮食的成本超过特定国家平均收入的63%时，这种饮食就被认为是负担不起的。三种饮食的定义见插文16。有关完整的方法说明和数据来源，请参阅2020年全球SOFI报告中的附件3。*太平洋是指大洋洲减去澳大利亚和新西兰，在这种情况下仅包括斐济的数据。

资料来源：Herforth, A., Bai, Y., Venkat, A., Mahrt, K., Ebel, A. & Masters，W.A. 2020. *Cost and affordability of healthy diets across and within countries*. Background paper for The State of Food Security and Nutrition in the World 2020. Rome, FAO.

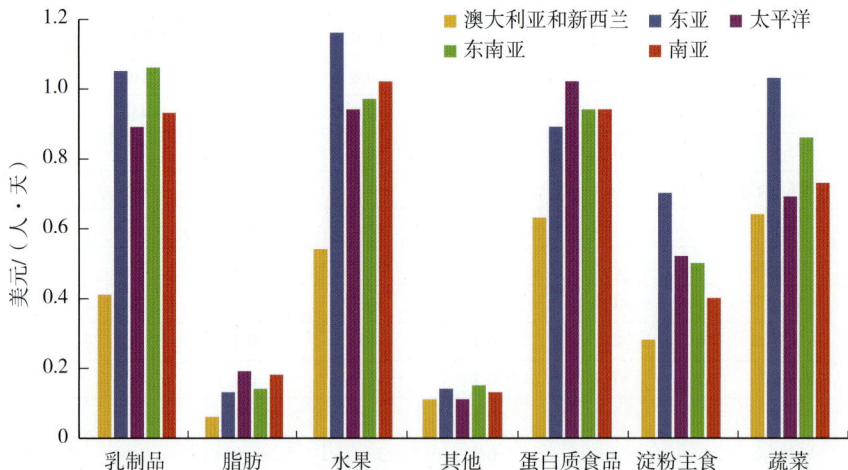

图2-4　2017年每人每天健康饮食成本（按食品和区域分）

资料来源：联合国粮食及农业组织。

事实上，乳制品、水果、蔬菜及其他富含蛋白质的食物占亚太地区所有国家健康饮食成本的79%以上，其中日本除外（日本占72%）。

随着近期新冠肺炎疫情暴发，食品体系和市场面临着重大不确定性，可能会进一步对食品价格和健康饮食的可负担性产生负面影响。产量降低可能会提高食品价格，最弱势群体将无法负担得起饮食。迄今为止，较为乐观的是全球市场和亚太地区的食品价格是相对稳定的。截至2020年8月/9月，自2019年12月以来，经通胀调整的国内食品价格的年度涨幅中值仅为2%。[98]

就业减少和工资降低导致的收入损失可能会对健康膳食的可负担性产生更大的影响。通过社会保护来帮助那些受到影响的人是一项基本的政策反应，事实上，亚太地区的各国政府在新冠肺炎疫情之后已经实施了这些政策。[99]继续监测市场价格、家庭收入和食品支出随时间的变化也很重要。

案例分析3　新冠肺炎疫情引起的蒙古国农牧户粮食安全及收入变化

2020年4月/5月蒙古国开展了两项重要评估，由蒙古国政府国家统计局牵头，分别得到联合国粮食及农业组织[100]和世界银行[101]的支持。评估的重点是新冠肺炎疫情对农村牧民和农户的影响，核心内容是围绕粮食安全、生计和社会经济变化。评估结果显示，新冠肺炎疫情对农业家庭尤其是放牧家庭的影响很大。粮食不安全体验量表结果表明，72%的家庭降低了食品质量，47%的家庭担心食物不足，34%的家庭减少了食物的摄入数量。这是由于缺乏经济准入和食品价格上涨（食品CPI从2019年12月到2020年5月上涨了10%）导致的结果，而不是由于食物和社会获得食品的途径方面导致的。

报告显示，很大比例的家庭减少了对各种食物的消费，如：面粉（62%的家庭减少消费面粉）、植物油（60%）、洋葱（59%）、肉类（58%）、糖（55%）、马铃薯（54%）和乳制品（44%）。总体而言，70%的家庭表示他们的农业收入同比有所下降；62%的牧民家庭表示，他们的收入同比减少约45%。相比之下，仅有25%从事种植业的农户报告收入有所减少。

确切而言，58%的农户表示，由于物流和供应链中断，他们在上个月无法出售农产品。虽然牲畜价格上涨（自2020年1月以来上涨6%~12%），但由于需求收缩和贸易中断，牲畜产品尤其是羊绒的价格已大幅下跌。在2018年的上一轮调查中显示，近90%的牧民家庭从事羊绒生产，约71%的畜牧收入来自羊绒。随着对羊绒的需求下降，受影响的家庭面临重新陷入贫困的高风险。此外，一些牧民计划在春季营地停留更长时间或搬到全新的地方寻找更好的牧场，这可能会分别带来过度放牧和新的社会冲突的风险。

虽然蒙古国政府已经扩大其社会保护措施来应对新冠肺炎疫情（见案例研究5），特别是针对粮食安全和消费方面，拟采取额外措施以避免对农村生计和牧民抵御冲击的能力产生连锁反应。蒙古国只是一个例子，由于新冠肺炎疫情大流行，之前在减贫方面取得的进展可能会被抵消。

*家庭和国家内部成本和负担能力差异

营养充足膳食的成本和可负担性因地理位置、季节和生命周期的各个阶段而异。它们取决于一个人的生活地点和不同生长发育阶段的营养需求（图2-5）。[102] 整个生命周期的营养需求各不相同，因此膳食摄入需求在数量和多样性方面有所不同。这对成本和负担能力以及营养不良和微量营养素缺乏的风险都有影响。在同一个家庭中，营养充足的饮食对每个人的成本并不相同，因为成员通常处于不同的生活阶段。

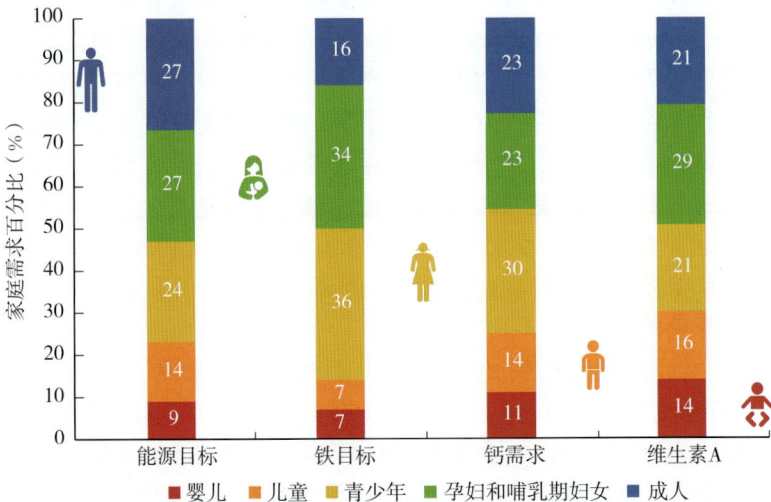

图2-5　不同家庭成员和生命阶段的微量营养素和能源需求

注：五种不同类型的人如下：婴幼儿的任何性别（12～23个月）；男女学龄儿童（6～7岁）；少女；孕妇或哺乳期妇女；成年男性。

资料来源：世界卫生组织（世卫组织）。2020. *Nutrient requirements and dietary guidelines* [online]. Geneva. [Cited 25 April 2020]. https://www.who.int/nutrition/publications/nutrient/en/.

孕妇和少女对某些营养素的需求会增加，而幼儿需要健康的饮食，包括动物源性食物、水果和蔬菜，而这些食物往往比其他食物贵。[103] 根据在该地区8个国家进行的"填补营养缺口"分析（孟加拉国、巴基斯坦、斯里兰卡、柬埔寨、老挝、菲律宾、缅甸和东帝汶），[104]营养充足的饮食和能量充足的饮食的成本因生命周期的各个阶段而异，[105]满足营养需求的饮食成本对青春期女孩[106]、孕妇和哺乳期妇女而言最高（参见图2-6，来自东帝汶的示例）。[107]

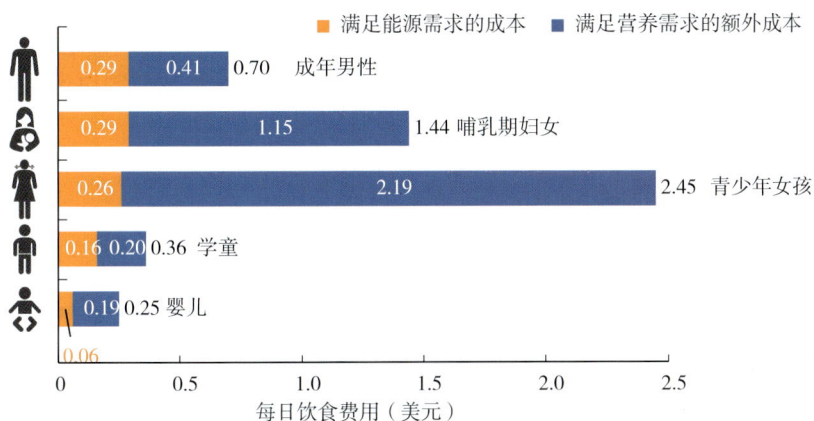

图2-6　家庭中不同目标群体营养充足饮食的额外成本与
能量充足饮食成本的比较（东帝汶，包考）

注：该图显示了2019年东帝汶不同家庭成员满足能量充足的饮食的成本和满足营养充足的饮食（使用成本最低的饮食）的总成本。营养充足的饮食包括，每个人的平均能量需求和推荐摄入的蛋白质、脂肪、四种矿物质和九个维生素模型家庭包括（从上到下）：一个成年男子、一个哺乳期妇女、一个14～15岁少女、一个6～7岁的学龄儿童和一个母乳喂养的12～23个月的婴幼儿。

资料来源：世界粮食计划署（世界粮食计划署），2019. *Fill the Nutrient Gap* [online]. Rome. [Cited 28 July 2020]. https://www.wfp.org/publications/2020-fill-nutrient-gap.

营养充足饮食的需求差异和随后的成本对营养和社会保护政策的设计产生了影响，需要考虑提供给特定目标群体的食物质量、适当的数量和食物组合。在亚洲[108] 9个国家进行的饮食分析成本显示由当地食品价格、人口经济状况、营养食品的供应和多样性或这些因素的组合驱动的营养充足膳食的负担能力在各国出现差异（图2-7）。这突出了针对具体情况的规划（例如，根据目标群体和地点调整社会转移价值）以及跨地理区域和国家监测粮食获取和价格数据的必要性。

食品供应链中的几个因素决定了营养食品的成本和健康饮食的可负担性。这些因素限制营养食品的供应和获取，并推高食品价格。

其中包括粮食生产率低，作物、牲畜和其他营养产品的生产多样化不足，收获前和收获后农产品的质量和数量损失严重，以及市场基础设施不足。为了影响粮食成本并使人们更能负担得起健康饮食，各国政府需要调整粮食、农业和贸易政策，在考虑到生产者和消费者需求的情况下，解决粮食供应链上的这些问题。包容性经济增长对于使人们更能负担得起健康饮食也很重要。

*食物负担能力和儿童营养不良

糟糕的母婴饮食是个人周围环境中各种复杂因素的结果。虽然由知识、实践、文化规范和信仰决定的行为在饮食选择中发挥了重要作用，但越来越多的证据表明，健康饮食的负担能力是饮食质量和随后营养结果的关键决定因素。[109]

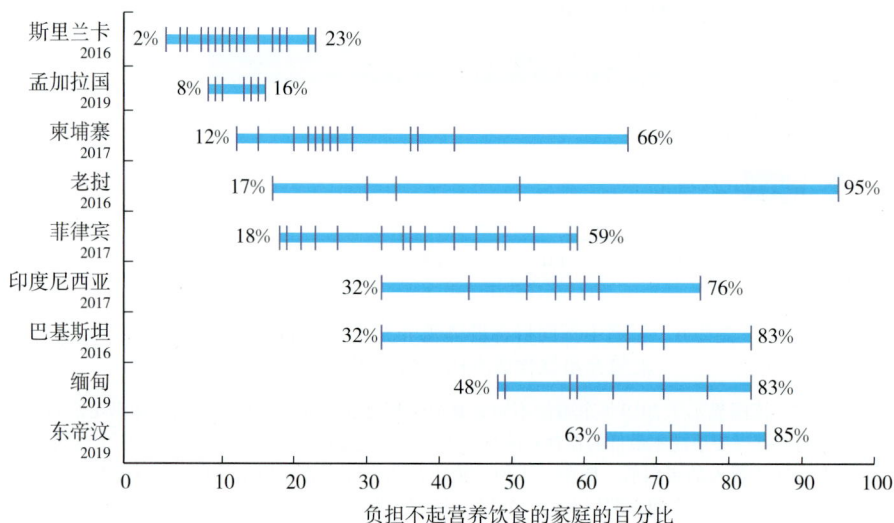

图 2-7　区域内选定国家中家庭无法负担营养充足饮食情况

注：这个数字显示了不同国家和不同年份的营养充足饮食的负担能力范围。负担的难度是由一个国家的家庭比例来衡量的，这些家庭的粮食支出不足以支付当地环境中营养充足的饮食。营养充足的饮食包括，每个人平均能量需求和蛋白质、脂肪、四种矿物质和九种维生素的推荐摄入量。模拟的家庭因国家而异，但通常包括一名 12～23 个月的母乳喂养婴幼儿、一名 6～7 岁的学龄儿童、一名 14～15 岁的少女、一名哺乳期妇女和一名成年男子。每个数据点代表国家的一个地区。范围内的每条垂直线代表一个特定的行政区域。例如一个省或地区。*表示对支出数据进行了消费者价格指数（CPI）调整，以配合食品价格数据收集的年份。

资料来源：世界粮食计划署（WFP）。2019. *Fill the Nutrient Gap* [online]. Rome. [Cited 28 July 2020]. https://www.wfp.org/publications/2020-fill-nutrient-gap.

来自巴基斯坦、斯里兰卡、柬埔寨和菲律宾的"填补营养缺口"项目（FNG）分析强调了在营养充足饮食的不可负担性与发育迟缓患病率之间的显著共同关系和共同集中性。[110]

一项比较食物相对热量价格的证据发现，动物源性食物和强化婴儿食品的价格与儿童发育不良之间存在关联。[111]研究发现，包括牛奶和鸡蛋在内的乳制品等富含蛋白质的食品价格上涨，与幼儿发育不良率的上升密切相关。

来自FAO的数据[112]进一步证明了食物负担能力与营养效果的联系。这些数据表明，在整个亚洲和太平洋，以及相关国家收入水平范围内，健康饮食越是难以负担，儿童发育不良的发生率就越高（图2-8）。在发育迟缓程度较低的高收入国家，如澳大利亚，健康饮食比南亚和东南亚国家更便宜，这反映了社会经济地位的差异。

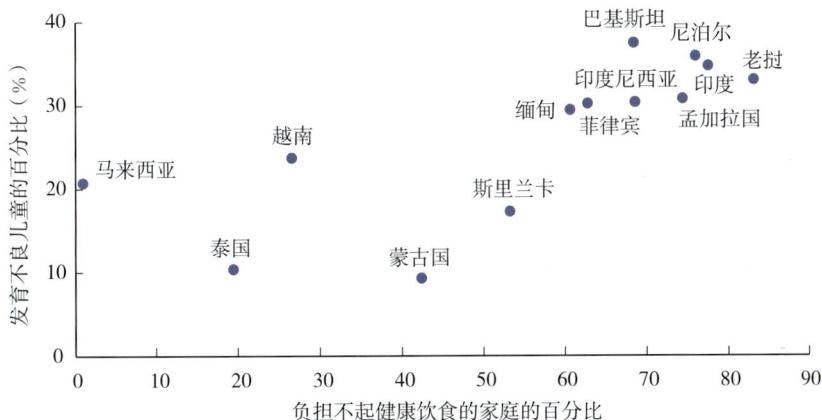

图2-8　亚洲和太平洋国家负担不起健康饮食和儿童发育迟缓

注：每个国家都使用了2014—2019年期间关于儿童发育迟缓的最新数据。

资料来源：FAO; United Nations Children's Fund (UNICEF), World Health Organization (WHO) and World Bank Group. 2020. *Joint Child Malnutrition Estimates Expanded Database: Stunting*. New York.

2.4　水、环境卫生和个人卫生体系

孕产妇和幼儿健康饮食的水、环境卫生和个人卫生体系

水、环境卫生和个人卫生（WASH）体系包括涉及提供安全饮用水和环境卫生基础设施以及支持良好卫生习惯的有关政策、计划、服务、设施和利益相关者。水、环境卫生和个人卫生是营养不良的主要潜在决定因素（参见图2-1中营养不良的概念框架）。世界卫生组织估计，50%的营养不良与反复发作的腹泻或肠道蠕虫感染有关，通常由不卫生的水、卫生设施不足或不良卫生习惯导致，而腹泻是5岁以下儿童死亡的主要原因。[113]

营养不良的儿童更容易生病，更易受到肠道感染，并导致更长时间和更严重的腹泻症状。[114]频繁腹泻会增加发育迟缓的风险，并可能影响认知发育。[115]

在低收入国家，很大部分婴幼儿腹泻是由于不合格的食品卫生和食品制

作使用的饮用水不安全。[116] 上述原因还可能导致妇女腹泻和食物中毒，在怀孕期间可能导致流产、早产和死产。保持食物免受粪便污染对于限制粪口疾病传播至关重要。养成良好的食品卫生和卫生习惯可以降低腹泻的风险。在许多亚太国家，尤其是农村地区，在家庭住宅附近饲养动物很常见。在被动物粪便污染的环境中爬行或行走的幼儿患腹泻和感染肠道蠕虫的风险增加，这两种疾病都会影响辅食中微量和常量营养素的生物利用率。[117] 不卫生的环境和接触病原体也会导致环境性肠病（EE）。该病会导致肠道发炎并降低儿童营养吸收能力。虽然原因不明，但环境性肠病、发育迟缓和缺铁之间存在很强的关联。[118]

过去20年，亚太地区扩大普及改良水源和卫生设施的努力取得了成效——东亚和太平洋地区93%的家庭和南亚92%的家庭能够获得安全饮用水。然而，该地区国家之间和国家内部的差异性很大，只有52%的柬埔寨家庭拥有基本的饮用水服务，而泰国这一比例为99%。[119] 在一个国家内部，贫困和农村社区的水、环境卫生和个人卫生条件通常比城市社区更差（图2-9）。例如，南亚72%的城市家庭可以获得基本的卫生服务，而农村地区的这一比例为53%。总体而言，农村家庭获得清洁饮用水和改善卫生条件的机会较少，并且由于服务不足、与动物共居以及食物储存条件有限，环境卫生状况较差。

有限水的供应也给饮食和儿童喂养带来直接和间接的负担。在母亲不得不花大量时间取水或准备家庭安全用水的情况下，她们可用于喂养和照顾孩子、用餐、怀孕期间进行必要休息和准备食物的时间就更少了。安全饮用水的花销也占据了家庭可用于购买食品的可支配收入。提高获得安全水源的机会可以消除这种性别负担并减少妇女的工作量。来自其他地区的证据还表明，在无法保证获得清洁水的情况下，母亲会为幼儿提供包装好的含糖饮料作为水的安全替代品。[120]

通过水、环境卫生和个人卫生体系改善孕产妇和儿童饮食，政府需要采取有效的政策和战略，包括改善水、环境卫生和个人卫生基础设施和干预措施，增加优质服务，并普及有关个人卫生和环境卫生的家庭知识和行为。政策必须针对最脆弱的家庭——农村贫困人口和城市贫民窟居民——以确保清洁饮用水和卫生设施的普惠性。将营养与水、环境卫生和个人卫生措施和社会行为改变沟通活动相结合是一项关键战略，特别关注环境卫生、洗手习惯和食品安全。此外，必须确保使用尽可能多的媒介接触点来传播有关卫生、清洁水的使用和食品安全的重要信息。

水、环境卫生和个人卫生体系与本报告中讨论的其他四个体系相互补充、相互作用，以不同的方式促进安全和充足的母婴饮食。对于粮食体系，良好的基础设施可以支持可持续粮食生产。简而言之，包装食品和市场的食品安全卫生至关重要。有证据表明，母亲和看护者认为在市场上或从街头食品摊贩处购买的食品对于喂养婴儿来说不够卫生，这会增加对包装食品的消费。[121] 增加对市场和传统摊贩卫生方面投资力度可降低这类卫生风险。同样，有效运行的水、环境卫生和个人卫生体系可确保卫生设施和学校的安全卫生环境，从而有助于改善母婴饮食。

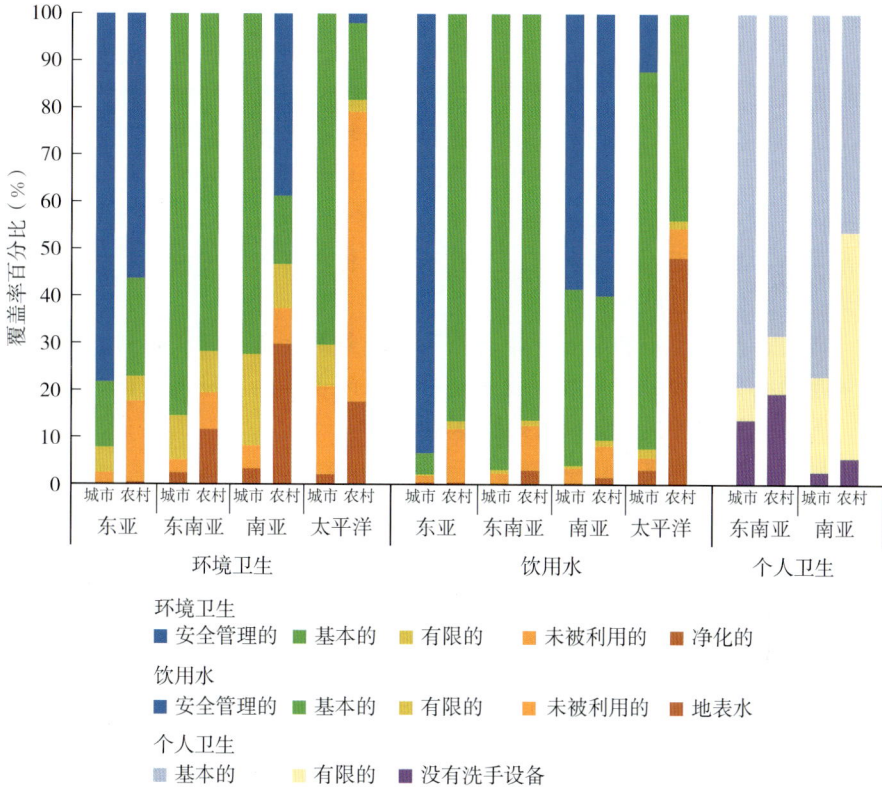

图2-9　亚洲和太平洋地区城乡洗衣服务的差异

资料来源：联合国儿童基金会（UNICEF）World Health Organization (WHO). 2020. *JMP global database* [online]. New York. [Cited 10 November 2020]. https://washdata.org/data/household#!/dashboard/new.

正如2.6节所强调的，社会保障规划可以有效地改善孕产妇和儿童饮食，特别是在与社会行为改变沟通活动相辅相成的情况下，社会行为改变沟通活动应包含水、环境卫生和个人卫生体系中的行为要素。该计划让人们能够利用福利购买或兑换水、环境卫生和个人卫生产品，以改善家庭卫生和水质、用水和卫生习惯及设施。

插文 17　生鲜市场与新冠肺炎疫情：人员、场所与实践[122]

亚太地区的生鲜市场对于提供蔬菜、水果、乳制品、新鲜肉类、鱼类和海鲜等日常新鲜食品至关重要，这些新鲜食品富含蛋白质和人体必需的微量营养素（如铁、碘、钙、锌、维生素A和维生素B_{12}）。生鲜市场也是该地区数百万供应商和市场经营者的生计、粮食安全和营养来源。

然而，如果管理不当，生鲜市场可能会给他们所服务的人们带来严重的健康风险。人群聚集、交易活体动物、接触动物源性和植物源性食物以及卫生条件欠佳，都可能为疾病传播和污染物进入食物创造有利条件，导致食品不安全。通常，政府会因为食品安全事件或如新冠肺炎疾病等传播而关闭这些市场，这些措施可以暂时阻止健康威胁，但只是治标不治本，反而限制了数百万人获得新鲜、有营养的食物和收入，增加了营养不良和微量营养素缺乏的风险。

其实，改善生鲜和非正规市场并不总是需要大量投资和规划。可以采取简单而具体的食品安全和生物安全措施来改善卫生、降低人畜共患病风险，同时为消费者提供健康的购物体验。

对安全市场的建议：

人员
- 吸纳商贩进入市场管理和维护，从而保障他们的收入。
- 在关键位置（包括出入口）为人们提供洗手设施或消毒剂。
- 通过适当的标识提醒商贩、消费者和供应商注意个人卫生。

前提
- 进行小规模翻修，减少过度拥挤，提高清洁度，便于人员流动。
- 实行垃圾分类、及时收集和安全处置垃圾，遵守适宜的垃圾管理协议。
- 配备清洁冰或冷链设施，保障生鲜食品的保鲜及安全。

实践
- 利用新冠肺炎疫情宣传提高公众保持良好卫生习惯的意识。
- 每周休市一天，进行集中清洁消毒。
- 将植物性食品和动物性食品的销售区分开，保持间距单独建设屠宰区，最好远离市场。

保健体系和水、环境卫生和个人卫生体系通常联系紧密，我们应注重通过咨询和社区动员活动来开展基本的卫生行动。教育体系在提供学校教育和良好卫生习惯相关知识方面发挥着关键作用。研究表明，改善学校的供水和卫生基础设施有助于让少女继续学业。

2.5　保健体系

保健体系在保护、促进和支持孕产妇和幼儿饮食方面的作用

在受孕前、怀孕、产后和婴幼儿期（6～23个月）的关键生命阶段，健康的饮食和喂养方法至关重要。保健体系通过提供设施和社区层面的干预措施，来保护、促进和支持健康饮食、最佳喂养和良好的卫生习惯，尤其针对那些饮食或多样性相对不足的最弱势人群。[123]

保健体系促进和塑造健康的饮食行为，通过健康促进、税收和监管措施支持营养食品的消费，并限制高糖、高脂肪和高盐食品的消费。此外，保健体系提供的预防和治疗服务对于预防和治疗儿童疾病至关重要，这些服务包括驱虫、补充维生素A、口服补液治疗腹泻以及干预性治疗消瘦。

保健体系相关政策、战略和计划的现状

国家和地方各级需要强有力的有利环境（包括政策、战略、计划、协调结构和监测体系），来使保健体系中有关孕产妇和幼儿饮食问题的驱动因素和决定因素真正发挥积极作用。近期对南亚[124]（阿富汗、孟加拉国、不丹、印度、马尔代夫、尼泊尔、巴基斯坦、斯里兰卡）和东南亚[125]（柬埔寨、印度尼西亚、老挝、缅甸、菲律宾和越南）[126]孕产妇营养和幼儿饮食政策和计划行动状况调查发现，这些国家的保健体系有强大稳健的政策环境和体系来提供改善饮食的服务，然而，在一些诸如实施环节等关键领域仍存在差距。[127]

世界卫生组织关于产前保健的建议为常规背景下针对孕妇和哺乳期妇女进行饮食干预和微量营养素补充提供了指南[128]。在南亚进行的一项调查表明，除巴基斯坦外，该地区的大多数国家都有适用于孕产妇的各方面营养建议，包括健康饮食、膳食摄入和每日补充铁叶酸（IFA）的咨询。[129]这些干预措施也是卫生机构一揽子基本服务中的一部分。在东南亚，孕产妇营养干预措施被纳入更多国家层面的营养政策和战略文件中[130]，该地区的孕产妇营养干预措施主要侧重于解决营养不足问题[131]，而忽略了孕产妇超重/肥胖患病率方面的问题，增加了此类情况日益严重的风险。[132]

提供改善孕产妇和幼儿饮食的营养咨询和教育服务

保健体系向妇女和护理人员提供营养教育和专业咨询支持，在缩小孕产

妇营养和婴幼儿喂养（IYCF）方面的知识和实践差距方面发挥着关键作用[133]。

在南亚，除尼泊尔外所有国家的卫生政策都将幼儿辅食添加相关规定（如咨询等）纳入卫生设施的基本一揽子服务，其中，马尔代夫和巴基斯坦仅提供部分服务[134]。只有5个南亚国家将6～23个月儿童的辅食喂养咨询指标纳入健康管理信息系统（HMIS），然而即使在这些国家，也缺乏定期监测数据[135]。针对东南亚6个国家（柬埔寨、印度尼西亚、老挝、缅甸、菲律宾和越南）进行的调查发现，在提供辅食的规定方面各国存在差距，印度尼西亚、菲律宾和越南的一揽子卫生设施服务处于低限水平[136]。这些差距还体现在问责不力方面。同时，还存在健康管理信息系统对相关服务的报告缺失等情况[137]。

在南亚，除孟加拉国、不丹和尼泊尔外，大多数国家在社区卫生工作者向母亲提供避免怀孕期间体重过度增加的健康饮食咨询方面，都遇到了中重度瓶颈。南亚地区卫生机构和社区卫生工作者采取的措施致力于改善饮食摄入以防止怀孕期间营养不良，然而，对于预防体重过度增加的重视不够。[138]在东亚和东南亚采取的措施也没有全程提供孕妇咨询，尤其是关于体重适当增加方面的咨询[139]。

案例分析4　弥补微量营养素缺口以提高尼泊尔幼儿饮食质量

尼泊尔在降低5岁以下儿童发育迟缓患病率方面进展显著，从2001年的57%降至2016年的35.8%，但患病率仍然偏高[140]。6～59个月儿童的贫血现象成为一项公共卫生关注问题，有19.1%的儿童患有贫血[141]。婴幼儿喂养方式不当是该国发育迟缓和贫血发生率高的一个因素，只有45%的6～23个月的幼儿饮食多样性达到最低标准。

尼泊尔的保健体系通过咨询普及关于合理添加辅食的知识和做法，同时采取补充维生素、矿物质以及家庭强化来填补关键营养缺口，在这些方面已经发挥了关键作用[142]。为应对该国儿童营养不良和贫血的情况，尼泊尔政府在联合国儿童基金会的支持下，于2009年推出了针对6～23个月婴幼儿的综合婴幼儿喂养（IYCF）实践和微量营养素粉（MNP）强化计划。微量营养素粉包括15种维生素和矿物质，并被命名为 Baal Vita——尼泊尔语"儿童营养素"。初级卫生保健体系通过基于设施的卫生工作者和女性社区卫生志愿者（FCHV）提供综合婴幼儿喂养和微量营养素粉强化计划，她们负责每6个月免费向所有6～23个月的婴幼儿分发小袋微量营养素粉，并在定期儿童探访期间以及在母亲小组会议和家访期间通过女性社区卫生志愿者和其他社区联络点向母亲提供有关综合婴幼儿喂养实践的咨询[143]。

2009年尼泊尔在两个地区实施了一项可行性研究来评估微量营养素粉的可接受性，为后续2010—2011年在6个地区设计和实施试点计划获取关键信息、创建品牌和确定策略，并为推广到全国其他地区的扩大计划提供发展经验。这项在Aacham地区和Kapilvastu县进行的影响评估表明，微量营养素粉覆盖率与贫血和缺铁性贫血风险的降低独立相关[144]。在12～23个月幼儿中，接受过至少两次微量营养素粉分发的儿童贫血[145]和缺铁性贫血[146]的患病率分别与从未接受过微量营养素粉的儿童相比显著降低。评估还表明，在计划实施36个月后，最低膳食多样性和最低可接受膳食的普及率显著提高。[147] 到2019年底，该计划扩大到尼泊尔77个地区中的47个。综合婴幼儿喂养和微量营养素粉强化计划为将营养咨询扩展到婴幼儿看护者提供了一个平台，对综合婴幼儿喂养相关知识和实践方面的促进令人鼓舞，并降低了6～23个月婴幼儿的贫血覆盖率。

运用微量营养素干预措施解决孕产妇和幼儿饮食中的营养缺口

保健体系作为预防微量营养素缺乏的基本公共卫生干预措施的组成部分，在提供重要微量营养素补充剂和强化食品补充剂方面发挥着至关重要的作用[148]。

东南亚地区针对6～59个月儿童实施的补充维生素A和铁元素计划各国覆盖率差异很大，与铁补充剂相比，维生素A补充剂的覆盖率通常更高。很多东南亚国家已认识到，通过补充微量营养素粉可改善6～23个月婴幼儿的微量营养素状况，但即便如此，由于缺乏重视和政策支持，大多数国家通过卫生措施实行免费微量营养素粉计划的程度仍十分有限[149]。

估计显示，2016年，东亚和太平洋地区83%的6～59个月儿童接受了两剂维生素A，而在南亚，这一比例仅为64%。[150] 表2-2概述了6～59个月大的儿童补充维生素A干预措施的人口覆盖率。

表2-2　2017年6～59月龄儿童补充维生素A全覆盖率（%）

国　　家	维生素A	国　　家	维生素A
阿富汗	95	蒙古国	83
孟加拉国	99	缅甸	89
柬埔寨	73	尼泊尔	81
朝鲜	90	巴基斯坦	92
印度尼西亚	62	斯里兰卡	93
老挝	57	东帝汶	66
马尔代夫	69	越南	99

注：该区域的许多国家没有数据，特别是在太平洋地区。

资料来源：联合国儿童基金会（UNICEF）. 2019. The State of the World's Children 2019. Children, Food and Nutrition: Growing Well in a Changing World. New York. (available at https://www.unicef.org/reports/state-of-worlds-children-2019).

该地区所有国家的铁补充计划覆盖率都非常低，表2-3显示了6～59个月儿童补铁干预的人口覆盖率。

表2-3 南亚多年来6～59月龄儿童补铁干预的人口覆盖率

国　　家	来　　源	年　　份	在过去7天内补充铁（%）
阿富汗	DHS	2015—2016	6.3
孟加拉国	DHS	2014	4.3
印度	DHS	2015—2016	26.1
尼泊尔	DHS	2016	7.7
巴基斯坦	DHS	2018	7.0
斯里兰卡	DHS	2016	7.5

注：没有关于不丹和马尔代夫的数据。

资料来源：联合国儿童基金会（UNICEF）. Nutritional care of pregnant women in South Asia: Policy environment and programme action. Kathmandu, Nepal,UNICEF Regional Office for South Asia. (available at https://www.unicef.org/rosa/media/7836/file/Nutritional%20care%20of%20pregnant%20women%20in%20S. Asia_Policy%20environment%20and%20programme%20action_Final.pdf.pdf) UNICEF. 2020. Regional Report on Maternal Nutrition and Complementary Feeding. Bangkok, Thailand, UNICEF East Asia and Pacific Regional Office.

部分东南亚国家已认识到，通过补充微量营养素粉可以改善6～23个月婴幼儿的微量营养素状况。尽管如此，通过卫生措施实施免费微量营养素粉计划的情况仍然有限。

怀孕期间每日补充铁和叶酸的覆盖率也因地区而异（表2-4）。最近对南亚铁叶酸覆盖率的审查表明，在最近一次怀孕期间接受铁补充剂至少90天的女性比例从阿富汗的7%到斯里兰卡的98%不等。[151] 在东南亚6个国家（柬埔寨、印度尼西亚、老挝、缅甸、菲律宾和越南）进行的类似调查显示，铁叶酸的覆盖率从老挝的25%到柬埔寨的76%不等[152]。

保健体系在促进和维持以社区为基础的营养服务可持续扩大方面发挥着关键作用。最佳膳食摄入量（做法和食物含量）是治疗急性营养不良的必要组成部分。各国政府努力用更具可持续性的疗法治疗消蚀性疾病，包括开发和推广当地的治疗性营养产品，如巴基斯坦的Acha Mum[153]、柬埔寨的Nutrix[154]和斯里兰卡的Triposha[155]。

保健体系在创造有利环境和确保跨体系（包括食品、水和卫生设施、社会保障和教育系统）的政策一致性方面发挥着关键作用，以实现改善孕产妇和幼儿饮食和喂养方式的预期政策和计划成果。保健体系在改善孕产妇和幼儿饮食方面存在着政策环境和服务覆盖面的差距，这是亟须解决的问题。通过制定标准、指南和工具来确保干预措施的全面整合及稳步实施。管理急性营养不良的最低限基本卫生服务包作为全民健康覆盖（UHC）的组成部分，其干预措施包括营养评估、膳食摄入咨询、微量营养素补充和治疗性膳食支持。

表2-4　任意铁补充剂和怀孕期间至少90天铁补充剂的人口覆盖率（％）

国　　家	来　　源	年　　份	任意IFA	IFA+90
柬埔寨	DHS	2014	96	76
老挝	LSIS II	2017	50	25
印度尼西亚	DHS	2017	82	44
缅甸	DHS	2015—2016	88	59
菲律宾	DHS	2017	81	51
越南	NIN	2017	48（头三个月孕期）	63（前三个月）
阿富汗	DHS	2015—2016	45	7
孟加拉国	DHS	2014	55	—
印度	DHS	2015—2016	78	39
马尔代夫	DHS	2016—2017	91	46
尼泊尔	DHS	2016	91	71
巴基斯坦	DHS	2017—2018	59	29
斯里兰卡	DHS	2007	98	98

注：破折号表示没有数据。

资料来源：联合国儿童基金会（UNICEF）. 2019. Nutritional care of pregnant women in South Asia: Policy environment and programme action. Kathmandu, Nepal,UNICEF Regional Office for South Asia. (available at https://www.unicef.org/rosa/media/7836/file/Nutritional%20care%20of%20pregnant%20women%20in%20S.Asia_Policy%20environment%20and%20programme%20action_Final.pdf.pdf) UNICEF. 2020. Regional Report on Maternal Nutrition and Complementary Feeding. Bangkok, Thailand, UNICEF East Asia and Pacific Regional Office.

2.6　社会保障制度体系

支持孕产妇和儿童健康饮食的社会保障体系

社会保障[156]是一个强有力的工具，具有造福孕产妇和儿童营养、减少贫穷和促进全面发展的巨大潜力。[157]根据2019年亚太地区28个国家的非缴费型社会保障清单显示[158]，大多数国家至少有某种形式的社会援助，其中也包括许多针对儿童、孕妇和哺乳期妇女的社会援助。虽然一些社会保障干预措施侧重于减少贫穷和不平等这一营养不良的根本原因，但它们也可以直接作用于减轻营养不良的根本和直接原因。[159]亚太地区的审查数据表明，社会保障对家庭粮食安全[160]、护理实践[161]、获得保健服务[162]的机会等方面产生了积极影响，并有助于改善孕产妇和儿童的饮食和健康状况[163]（图2-10）。

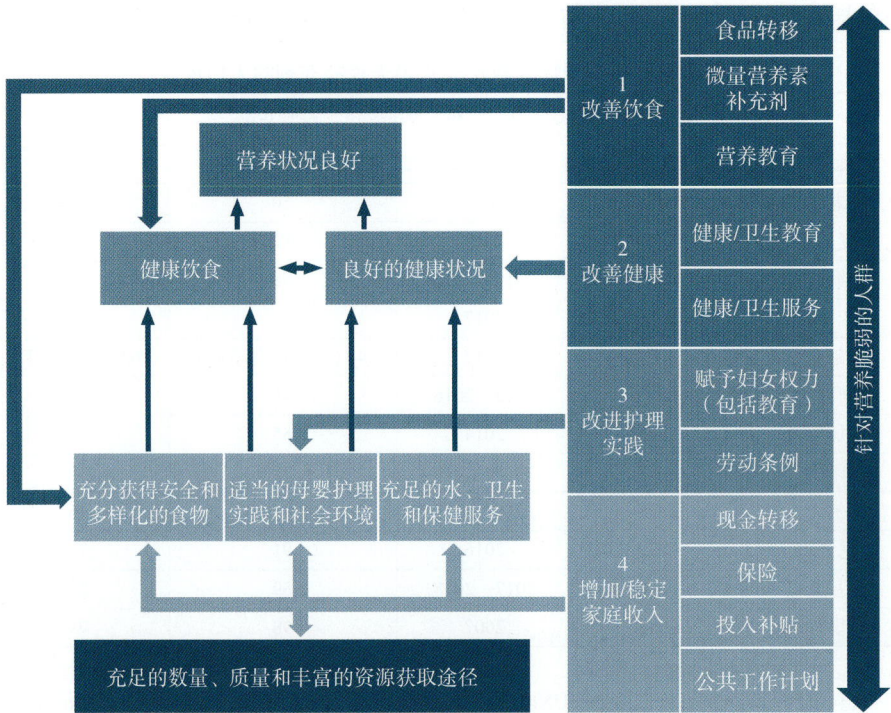

图2-10　通过社会保障获得营养的潜在途径

资料来源：联合国粮食及农业组织. 2015. *Nutrition and social protection*. Rome (available at www.fao.org/3/a-i4819e.pdf).

通过注重营养层面的社会保障来改善孕产妇和儿童饮食是最相关且最有效的方法之一。[164]来自亚太地区的证据表明，虽然目前在社会保障方面取得的成果好坏参半，但其前景依然是充满希望的。[165]

大多数社会保护措施，如儿童补助金、家庭福利和公共工程方案等形式的现金转移，可以增加家庭的收入，同时又可以增加主食和更昂贵的营养食品的消费。[166]根据孟加拉国、斯里兰卡和缅甸[167]三国的弥补营养差距分析，针对妇女和儿童的现金转移方案有助于将家庭负担营养充足饮食的能力提高10%～50%。[168]

然而，社会保障与改善孕产妇及儿童饮食结果之间的路径并不总是有保障的。社会保障能否成功促进改善孕产妇及儿童饮食取决于目标标准、转让数量和方式、方案的及时性和持续时间、整合具体的营养组成部分（如提供微量营养素补充剂或强化食品），以及整合营养教育或社会行为改变沟通等因素（表2-5）。[169]印度尼西亚的一项有条件现金转移项目发现[170]，年龄在18～60个月的儿童更有可能食用鸡蛋和牛奶等富含蛋白质的食物。在大多数指标中，农村儿童或许受到更大的积极影响，他们拥有了更高的蛋白质消费。[171]在缅甸，妇幼现金转移项目向怀孕最后2～3个月至孩子两岁（出生1 000天）[172]的妇女提供现金转移和社会行为改变沟通，研究结果显示，该项目对妇幼饮食多样性产生了十分积极的影响。在尼泊尔[173]，格尔纳利地区的儿童补助金项目表明，若要最大限度地向幼儿提供多样化的食物，现金转移额度必须增加到家庭总支出的20%以上。在印度尼西亚，一个为期9个月的提供现金转移试点项目表明，与实施时间较长的类似项目相比，短期项目对6～23个月儿童的最低可接受饮食的影响十分有限。[174]

表2-5　主要营养敏感原则概述

1.在系统评估的基础上确定目标和指标，以确定粮食安全和营养问题及其原因，了解贫困和排斥的程度（包括性别分析），并确定具体环境的影响途径（因此也确定设计特点和联系）。这将有助于确保有效地帮助营养弱势群体

2 a.结合营养方面的考虑和行动 融入社会保障机制的设计，如： ▶ 营养饮食的成本以及(食品)转移的安全性、质量、营养价值和多样性； ▶ 转移的规律性和可预测性； ▶ 受益持续时间； ▶ 效益/干预的及时性	2 b.与支持改善饮食和营养的干预措施和战略建立适当联系，例如： ▶ 提供获得高质量保健和卫生服务的机会； ▶ 促进使家庭的饮食和生计多样化的战略，包括在生产方面(即营养敏感型农业)； ▶ 提供食品和营养教育； ▶ 向家庭中的某些人，如幼儿和妇女，提供微量营养素补充剂或强化食品； ▶ 赋予妇女权力，例如增加她们在家庭开支上的决策权

3.确保有能力减少脆弱性，增强韧性和应对冲击
社会保障规划可帮助家庭为可能对其粮食安全和营养产生负面影响的冲击做好准备、应对和恢复工作。当家庭能够获得可预测的社会保障时，抵御冲击的能力就可以提高，从而随着时间的推移建立抵御力，并将可能影响粮食安全和营养的负面应对机制最小化。此外，如果及时扩大或调整现有的社会保障制度，就可以减少冲击的急性和长期负面影响。稳定消费至关重要的是，社会保障方案必须有能力对收入或粮食安全和营养方面的变化作出反应，无论是突然的冲击还是缓慢的冲击

资料来源：跨机构社会保护评估（ISPA）. Practical tools: improving social protection for all (online). Rome. [Cited 11 July 2019]. https://ispatools.org; FAO. 2015. *Nutrition and social protection*. Rome (available at www.fao.org/3/a-i4819e.pdf).

证据表明，仅现金转移就可能取得一些积极的营养成果。然而，强化的社会行为改变沟通在有效的行为改变和最终改善母婴营养方面也发挥着重要作用。人类和气候引发的冲击都会对家庭产生负面影响，包括对其饮食多样性和饮食质量的影响。[175]亚太地区国家遭受的自然灾害比任何其他区域都多，而气候变化还在进一步增加自然灾害的发生频率和严重程度。[176]

在新冠肺炎疫情及其他紧急情况和危机中，社会保障在支持妇女和幼儿并确保他们继续获得健康饮食方面的作用尤其重要。以新冠肺炎疫情为例，由于疫情大流行和相关的经济萎缩，亚太地区生计脆弱的个人及家庭遭受了巨大的健康和经济冲击，贫困和不平等程度进一步加剧。[177]经亚洲开发银行估计，亚太地区的经济损失在1.7万亿～2.5万亿美元之间，约占全球损失的30%。[178]

精心设计且具有针对性的社会保障项目，加上足够的国家投资和覆盖范围，对影响亚太地区孕产妇和儿童的饮食和营养状况具有相当大的潜力。其中，那些与卫生、教育和农业等其他部门有联系的项目尤为重要。为确保项目成果，各国政府需要在数据方面提供积极改进，以更好地了解妇女和儿童在获得健康饮食方面面临的差距与障碍。更翔实的数据可以为设计更好的妇女和儿童社会保障项目提供信息，并更准确地监测和评价相关指标以评估干预措施的有效性。

插文 18　加强社会保障方案以改善幼儿的饮食——孟加拉国的母亲和儿童福利方案[179]

2019年，孟加拉国开展了一项填补营养差距的评估调查。该项评估证实：在当地家庭中，孕妇和哺乳期妇女和少女这两类人群是营养和社会方面最脆弱的群体，在获得多样化饮食方面面临着巨大挑战。基于农村孕产妇津贴方案和城市哺乳期母亲津贴方案这两个现有的社会安全网方案，孟加拉国政府于2019年7月推出了新的母婴福利方案，该方案隶属于孟加拉国妇女和儿童事务部，该方案的重点是通过改善婴儿、幼儿和弱势母亲的饮食来解决营养不良问题。

这一新的母婴福利方案旨在通过优先支持0~4岁的婴幼儿及其母亲来解决营养脆弱性问题，具体由以下部分组成：一是现金转移支付：孕妇和哺乳期妇女在其第一次或第二次生产的24个月内每月获得500塔卡（约6美元）的转移支付，二是提供与营养相关的行为改变沟通。在实施方案的同时进行营养培训，加强与保健服务的联系，从而实施这一项新的儿童福利方案。

孟加拉国已经在8个城市和农村试点实施了该方案。该项母婴福利方案目标是通过实现安全分娩、预防发育迟缓和消瘦、确保母乳喂养以促进幼儿的认知和心理发展等方式到2030年惠及750万0~4岁儿童。

插文 19　利用社会保障缓解巴基斯坦的营养危机——贝娜齐尔收入支持方案[180]

巴基斯坦的高营养不良率表明了儿童营养危机的持续性（发育不良儿童占比43.7%，体重不足儿童占比31.5%，消瘦儿童占比15.1%）[181]。长期营养不良的社会状况会带来严重的经济影响，会导致未来生产力的下降，巴基斯坦每年将为此损失国内生产总值的3%（76亿美元）[182]。

2019年，阿迦汗大学进行了一项研究。该研究表明，结合无条件现金转移支付和提供专门营养食品与开展社会行为改变沟通活动来预防发育迟缓干预措施是可行的。

该方案利用国家贝娜齐尔收入支持方案和保健服务来实施干预措施。结果显示：在怀孕期间登记的干预组妇女与对照组相比，其6个月大的孩子发育迟缓风险降低15.2%、消瘦风险降低21.5%、体重不足风险降低20.8%、贫血风险降低5%；6～23个月婴幼儿的结果也很乐观，呈现发育迟缓风险降低8.6%、消瘦风险降低19.6%和贫血风险降低3.2%的结果。贝娜齐尔收入支持方案在全国各地有550万受益家庭，并有一个由5万名妇女领导的受益委员会组成的网络，该方案为努力加强与初级保健服务机构的合作并使营养状况发生积极变化提供了理想的短期平台。

2020年3月，根据研究结果，该方案扩大规模，每月向巴基斯坦全国570万登记家庭提供1 666巴基斯坦卢比（10美元）的无条件现金转移。在1 000天的窗口期内，向孕妇和哺乳期妇女和6～23个月的婴幼儿提供社会行为改变沟通活动和专门的营养食品，以补充现金支持。

*案例分析5　新冠肺炎疫情期间的母婴支持——在亚太地区扩大应对冲击的社会保障[183]

世界各国政府为了应对新冠肺炎暴发中产生的日益增长的弱势群体需求，一直在扩大或建立社会保障方案。亚太地区部分国家政府为了支持母亲和儿童在这一困难时期的特殊需要，调整了其现有的社会保障方案。大多数方案的拓展是在现有基础上通过横向或纵向方向的转移扩大，将弱势家庭纳入其中。下文简要概述了政府为满足母亲和儿童需求以及加强健康饮食和护理做法而采取的措施。

- 除了正常的50美元之外，库克群岛在学校关闭期间每两周（节假日除外）为每名0～16岁的儿童提供额外的100美元。虽然已经加入该方案的儿童将像往常一样获得福利，但那些尚未被覆盖的儿童将需要申请，从而实现对所有16岁以下儿童的普遍覆盖。这笔钱用于替代学校营养食品和用于必要的儿童护理和用品。
- 印度喀拉拉邦政府向因新冠肺炎疫情而关闭的3万多所农村托儿所中的30万名儿童提供日常午餐所需的食物。食物转移的目的是为了取代学校的膳食，同时在封闭期间支持家庭营养餐。
- 印度尼西亚的旗舰儿童现金转移方案（家庭希望计划），将其覆盖面从920万个家庭扩大到1 000万个家庭，并在4月至6月的3个月内将福利增加了一倍。另外，转移支付现在按月支付，而不是按季度支付，改善了获得新鲜食品和健康饮食的机会。

- 在蒙古国，作为政府第一套措施的一部分，2020年4月，儿童津贴从每月10 000图格里克（3.8美元）增加到30 000图格里克（11.4美元），随后又增加到100 000图格里克（38美元），直到2020年10月1日。提高津贴有助于为儿童购买健康食品和其他基本护理用品。

- 缅甸政府扩大了母婴现金转移方案（MCCT），此举可以帮助最脆弱的人应对新冠肺炎，帮助其从因为封闭造成的经济损失中恢复过来。政府一直在纵向扩大（增加每个家庭的转移金额），更多的合作伙伴横向扩大MCCT（临时增加新的受益人）来支持这一努力。24万多个受益于MCCT的家庭（孕妇、哺乳期妇女和两岁以下儿童）将在现有的每月15 000缅元（10.9美元）的付款之外，一次性获得30 000缅元（21.8美元）的现金付款。

- 巴基斯坦的紧急现金方案，现有受益人（450万名妇女）除了正常的2 000卢比（11.8美元）外，还将额外获得1 000卢比（5.9美元）作为四个月的紧急救济。

- 韩国政府每天向不得不从幼教中心转移到家庭护理的低收入家庭提供50 000韩元（42美元）。同时向经常接受儿童和社会援助的家庭额外转移4个月的金额。这两项扩张的目标都是在经济上获得多样化和健康的食品。

- 在斯里兰卡，已确定和列入等候名单的撒慕尔迪（Samurdhii）津贴领取者（60万个家庭）额外领取了5 000斯里兰卡卢比（26.7美元）。此外，还向有艾滋病毒/艾滋病的家庭和有营养不良风险的儿童提供Thriposha*和其他营养补充剂。

- 瓦努阿图政府因为新冠肺炎疫情大流行宣布2020年免除学费，作为其扩大社会保障方案的一部分。

母亲和儿童的需求在上述不同的扩大社会保障方案中都得到了强调与重视。大多数国家通过转移支付支持最弱势家庭在经济上获得健康和营养的食物来解决缺乏收入或缺乏学校膳食的问题。由此可见，在灾害和紧急情况下，对稳定和改善孕产妇和儿童饮食的最有效和最高效的方法进行记录，并对这些方法进行监测、评价和学习是十分重要的。

---

* Thriposha为斯里兰卡当地生产的一种营养合成品，近50年来一直由政府向营养不良儿童、孕妇和哺乳期妇女免费提供。——编者注

2.7　教育体系

妇幼健康饮食教育体系

众所周知，婴儿诞生的前1 000天（从受孕到两岁）对于最佳生长和发育是十分重要的[184]。然而，更多证据表明，幼儿两岁生日后的7 000天是下一个重要的机会窗口[185]。在学龄期间，这一时期为支持儿童和青少年实现其发展潜力提供了持续的可能性[186]。年轻女孩需要充足营养来支持她们的快速生长和发育，而青春期的营养不足和营养过剩两类问题往往会一直持续到怀孕[187]，这使产妇营养不良、胎儿生长受限、儿童发育迟缓和消瘦的情况循环长期存在[188]，这种影响在整个生命周期中也会持续存在[189]。饮食多样性及饮食质量的不足，主要表现在水果、蔬菜和动物来源蛋白质的消费量低[190]，脂肪、糖、盐的消费量高，经常食用精加工食品等，这些因素是导致青少年营养不良的主要原因[191]。

亚太地区10～19岁的青少年面临着消瘦、超重和肥胖、微量营养素缺乏等三种营养不良问题的困扰[192]。在东亚和太平洋地区以及南亚地区，分别有6%和24%的青少年偏瘦[193]，21%和7%的青少年超重或肥胖[194]。在东亚和太平洋地区，大约27%的15～49岁女性患有贫血，而南亚有50%女性患有贫血[195]。库克群岛、基里巴斯、瑙鲁、萨摩亚、汤加和图瓦卢等太平洋国家的超重和肥胖率特别高，13～15岁的在校女孩的超重率超过40%，成年女性超重率超过60%[196]。

近期，有证据表明超重和肥胖具有代际效应[197]。在越南，一项研究母亲孕前营养状况与随后儿童营养结果之间关系的分析发现，孕前体重低于43千克的女性孕育的幼儿在两岁时发生发育不良的风险更高[198]。同样，怀孕的女性瘦弱会导致儿童发育迟缓风险增加1.3倍[199]，且呈显著相关。研究结果强调，在减少儿童发育迟缓的政策和策略中应包括母亲孕前阶段健康情况的考量。因此，必须要更加重视少女和年轻女性在怀孕前、怀孕期间和怀孕后的营养。

除了青少年和母亲的营养状况在打破营养不良的代际循环中有重要作用外，母亲的受教育程度也是儿童营养结果的一个强有力的预测因素[200]。在一项对56个发展中国家的父母教育和儿童健康之间联系的分析中发现，母亲受教育程度和儿童饮食多样性之间呈强相关，该研究还强调促进女童教育对解决儿童营养不良问题具有重要意义[201]。

南亚地区的早婚和少女怀孕率都很高[202]，且青少年生育率为2.5%[203]，这使该地区营养状况问题进一步加剧[204]。在南亚，多达30%的女孩在15岁之前结婚[205]，这限制了她们获得教育和医疗服务的机会，使她们更难达到充分发展的能力。这也意味着，许多女孩可能在营养状况不佳的情况下进入妊娠期，从而增加了妊娠和分娩期间并发症的风险。这类母亲往往无法支持胎儿健康成长，从而影响其新生儿的营养水平[206]。

包括学龄前学校、小学和中学在内的教育体系，是改善3～18岁儿童和青少年营养状况的重要切入点[207]。教育体系可以为促进积极的终身饮食选择奠定基础，是一个具有成本效益的平台[208]。学校营养餐、青少年微量营养素补充剂、学校花园和营养教育可以改善女孩的营养状况[209]，从而打破营养不良的代际循环，并激励女孩延长上学时间[210]。

截至2018年，亚太地区以学校为基础的干预措施将可能惠及超过6.7亿儿童和青少年，其中5 200万儿童在学龄前学校就读，2.84亿儿童在小学就读，3.43亿儿童在初中和高中就读。东亚和太平洋地区83%的女孩和南亚74%的女孩仅能上到初中，虽然政府努力鼓励女孩继续上学，但上学的女孩比例随着其年龄的增长而呈现下降趋势。尽管如此，在男孩女孩成为父母之前，学校仍然是接触他们的重要途径[211]。对于3～5岁的儿童来说，学前教育为他们提供了可以获得补充卫生系统提供的基本营养干预措施的机会，他们可以在学前教育期间接受免疫接种、驱虫、微量营养素补充、营养状况筛查和综合咨询等基本营养干预措施。疾病控制优先事项网络最近公布了在两个采取干预措施的重要阶段中的3项疾病控制优先事项建议[212]。这两个重要阶段具体如下：一是在青春期生长突增期（10～14岁），当生长发育非常迅速时，对良好的饮食和健康要求很高。二是在青少年成长和巩固阶段（15～19岁），此时需要良好饮食和健康来支持大脑成熟，从而引导形成强烈的社会参与感和情绪控制能力[213]。

插文20　改善泰国北部学校膳食的综合方案

万纳郎学校位于泰国北部偏远山区的夜丰颂府。这里的粮食和营养状况很差，尤其是5岁以下儿童和学龄儿童，这与当地贫穷和影响饮食习惯和护理做法的社会文化因素有关。

根据国家校餐政策，政府为每名儿童每天的校餐分配了13泰铢（0.42美元）的预算，然而，这一金额不足以提供充足且有营养的膳食。因此，夜丰颂府为了解决预算和营养缺口问题，启动了高原综合生计发展计划。它旨在通过向目标学校提供适当的物资投入来扩大学校花园——蔬菜种子、果树树苗、小鸡和鸭子、猪、鲶鱼鱼种、围栏和建造笼子的材料和小型园艺工具，以及改善用水的管道和其他材料。同时为了更有效地利用这些投入，还提供了技术援助和能力建设。通过针对教师、家长和卫生官员的健康饮食培训以及社区培训来强调营养膳食。培训的主题包括基本食物组及其功能、膳食计划、食品安全和学龄儿童的特殊营养需求。

项目完成两年后，万纳朗学校扩大了学校花园活动。随着产量的增加和出售剩余产品带来的额外收入，学校开始从事其他活动，如水培园艺和鸡蛋生产。两个关键因素对这一成功案例做出了重大贡献。首先，解决了获得水的问题，消除了粮食生产的主要制约因素。其次，学校校长在教师的支持下发挥了强有力的政治领导作用，使营养食品和健康饮食的生产成为学校活动和课程的核心组成部分。剩余产品的销售和创造收入的溢出效应确保了不仅学校而且更大的社区都能够受益，从而为继续实施和扩大活动创造了动力。

*案例分析6　不丹从学校供餐转向国家学校营养计划

改善占不丹总人口25%的在校儿童的营养状况一直是不丹王国政府的首要任务。《2015—2023年国家健康促进战略计划》强调加强现有的学校健康和营养方案，并以全校参与的方法为基础，不仅让学生和工作人员参与，还让包括家长和私营部门在内的更广泛的社区参与。教育部目前正在从学校供餐方案过渡到全国学校营养计划，除了教育目标外，更加注重实现学校儿童的营养成果。这一综合办法的具体方面包括：

- 通过使用数字平台设计营养丰富的学校膳食，以最低的成本和最高的本地食品比例平衡最营养丰富的菜单；
- 在学校和当地农民组织之间建立联系，从而提供当地新鲜有营养的食材；
- 改善学校卫生和食品安全基础设施；
- 调整和更新学校营养与健康课程，开发数字化和互动式游戏学习平台；
- 开发具有综合营养、健康和教育数据的数字监测和报告系统；
- 全面开展社会行为改变交流（SBCC），旨在改善儿童的饮食和身体习惯，符合首相最近提出的名为"建设一个健康的不丹"的倡议。

这些学校营养与健康倡议与政府的其他保健政策和方案挂钩，如教育部的学校供餐方案，是通过引进营养强化大米来解决硫胺素缺乏问题。

根据在亚洲九个国家进行的填补营养差距的分析表明，满足青春期少女和哺乳期妇女营养需求的饮食支出在家庭饮食支出中成本最高，占据整个家庭营养饮食成本的30%。这比一个成年男子的饮食所占的比例更大，也不成比例地高于他们在家庭能量充足的饮食中所占的比例，这反映了女孩在其快速生长和开始月经的时期即青春期的营养需求增加程度和特殊性。事实表明，以学校为基础的针对少女的干预措施可以降低家庭为保证充足营养而支出的成本。在巴基斯坦、斯里兰卡和缅甸，多种微量营养素片以及铁和叶酸补充剂可以减少10%～40%的家庭开支，而在斯里兰卡和缅甸，强化学校餐食则可以将家庭成本降低20%～27%。因此，对青少年进行适当干预是十分重要的[214]。

为促进健康饮食和饮食习惯，并解决营养不良的多重负担，一些以学校为基础的营养干预措施和框架已经陆续实施[215]。以学校为基础的干预措施应是全面的，在个人层面对饮食摄入和做法进行干预，在学校、家庭和社区层面创造健康的食品环境。大多数干预措施针对的是小学一级，而对中学一级的投资不足，无法解决青少年的营养和福祉问题。尽管学龄儿童和青少年的超重和肥胖人数迅速增加，但学校作为促进饮食健康的重要场所仍有大量空间和潜在作用可以挖掘和发挥[216]。大多数国家报告了将健康和营养教育纳入学校课程的举措，但只有有限的干预措施侧重于通过提供营养学校餐、个人行为改变、建立学校花园或规范和建立有利的学校环境来促进健康饮食[217]。

插文21　新型冠状病毒肺炎对教育系统的影响

截至2020年7月，由于新型冠状病毒肺炎的流行，超过143个国家的政府正在全国范围内实施学校关闭，影响到全球超过11亿（76.6%）的学习者。在亚洲[218]和太平洋地区学校关闭影响了2.2亿多名学生。关闭学校影响到儿童的教育，使他们无法获得关键的保健和营养服务，包括每天获得铁和叶酸补充剂、免疫接种和营养学校餐。全球有3.46亿儿童无法享用校餐，其中至少有9 800万儿童在亚太地区。在许多粮食不安全的因素中，这占儿童营养摄入量的三分之一或更多。关闭学校可能对儿童的健康和营养状况产生不利影响。[219]

为了保护儿童的健康和营养福利，联合国系统营养常设委员会关于2019冠状病毒病大流行在亚太地区的营养问题的联合声明[220]呼吁该地区各国政府继续向学龄儿童提供援助。世卫组织建议，在学校关闭期间，各国政府应继续就安全和健康饮食、卫生和学龄儿童体育活动的重要性向学校工作人员、家长和儿童提供指导。在可能的情况下，学校供餐方案应继续采用其他转移方式，包括现金转移和向家庭运送食品。

除了与个人和学校环境接触以支持和促进健康饮食，以学校为基础的干预措施也可以对家庭和社区产生更大的影响。干预措施可包括限制向学校儿童宣传食品和饮料、关于食品税和补贴的立法、将营养和体育活动纳入学校政策等倡导支持性政策，以及对校内不健康食品饮料销售和广告进行监管。[221]

诸多证据都显著表明，有必要扩大该区域以学校为基础的干预措施的覆盖面，更多地关注中学青少年的需求，并利用教育平台所提供的机会，着眼近期和长远两种维度来改善孕产妇和儿童的饮食。如果学校营养方案被设计为多部门干预措施，并被纳入更广泛的国家社会保障体系，同时利用与安全网和农业发展方案现有及潜在的协同作用，就能最大限度地发挥学校营养方案的潜在效益[222]。

2.8　结论

2020年的报告显示，亚太地区与世界其他地区类似（甚至在新冠肺炎疫情未发生之时），已偏离实现可持续发展目标和世界卫生大会营养目标的轨道（见第一部分）。虽然恶化的程度尚不清楚，但新冠肺炎疫情大流行及其相关的经济收缩无疑通过其对整体经济、粮食体系、保健体系、水、环境卫生和个人卫生体系和教育体系的影响，使粮食安全和营养状况恶化。社会保障已就此做出应对举措，并在减轻损害方面发挥了重要作用，但这些应对举措并没有完全弥补所有问题。因此，我们现在必须采取更多行动，因为留给世界来应对这些挑战并为最弱势群体带来其所需变化的时间只剩下十年了。

在一些国家，之所以能成功遏制营养不良和粮食不安全问题，是源于全面的政策和政治意愿，仅仅关注粮食、农业投入、水和卫生等任何单一部门的干预和政策都是不够的。相反，营养不良和粮食不安全的根本原因是多方面且复杂的。因此，正如本报告第二部分所述，我们必须把重点放在为最弱势群体提供各部门各体系不同服务和保障上，探索综合各大体系并使其协调一致的应对措施。第二部分讨论的五个体系中的每一个都对改善母婴饮食做出了重要贡献。许多国家已经同时实施并管理了一揽子针对这一确切目的的干预措施。单一体系方法的有效性因国家而异。然而，通过以综合和协调的方式实施多个体系的营养改善措施，可以更成功和更可持续地改善孕产妇和儿童饮食。若想成功地在政策上优先考虑孕产妇和儿童饮食，尤其是这类群体的粮食安全和营养，必须要有政治意愿、承诺和领导的推动，这样才能动员不同的利益攸关方共同努力采取综合办法，确保以透明的方式分配和使用必要的资源，并保有问责的权力。此外，在特定某一地方和社区环境中推行国家政策和战略是复杂的，需要国家层面对能力建设和"政策本土化"提供有力的支持。

最后，为了最有效地利用稀缺资源，必须投资能够改善孕产妇和儿童饮食的最具成本效益和影响力的干预措施。若想达到此目的，需要定期收集数据，改进数据管理系统，并对这些数据进行分析，以评估和记录进展情况。不同部门和部委的信息系统应努力协调其指标、数据收集的频率和范围。加大横向交流，通过与其他国家和地区的经验进行比较，为支持决策提供见解。

以上诸多努力的结合将有助于实现可持续发展目标和世界卫生大会的目标，并对积极促进健康的孕产妇和儿童饮食给予有力支撑。

NOTES | 注　释

* 第一部分注释

1 营养不良：由于大量营养素或微量营养素摄入不足、不平衡或过量而引起的异常生理状况。营养不良包括营养不足（儿童发育迟缓和消瘦以及维生素和矿物质缺乏）以及超重和肥胖。维生素和矿物质等微量营养素，虽然需要的体量非常微小但却必不可少。食物中的维生素和矿物质是身体正常生长、发育和功能所必需的，也是我们的健康和福祉所必需的。我们的身体需要许多不同的维生素和矿物质，每一种在体内都有特定的功能，必须以不同的、足够的量供应。多重营养不良负担：在同一个国家、社区、家庭或个人，各种形式的营养不足（儿童发育迟缓和消瘦以及维生素和矿物质缺乏）与超重和肥胖并存。联合国，2015. *The Sustainable Development Goals*. [online]. New York. [Cited 18 November 2020]. https://www.un.org/sustainabledevelopment/hunger/; Food and Agriculture Organization of the United Nations (FAO), International Fund for Agricultural Development (IFAD), United Nations Children's Fund (UNICEF), World Food Programme (WFP) and World Health Organization (WHO). 2020. *The State of Food Security and Nutrition in the World 2020. Transforming food systems for affordable healthy diets*. Rome. https://doi.org/10.4060/ca9692en.

2 WHO. 2014. *Global Nutrition Targets 2025, Policy Brief Series* [online]. Geneva. [Cited 18 November 2020]. https://www.who.int/nutrition/publications/ globaltargets2025_policybrief overview/en/.

3 2020年全球营养报告: Action on equity to end malnutrition. Bristol, UK: Development Initiatives. https://doi.org/10.4060/ca9692en.

4 WHO. 2013. *Global Action Plan for the Prevention and Control of Noncommunicable Diseases 2013-2020. Geneva; WHO. 2014. Global Targets 2025: To improve maternal, infant and young child nutrition* [online]. Geneva. [Cited 18 November 2020]. https://www. who.int/nutrition/ global-target-2025/en/.

5 IMF. 2020. *Global Outlook October 2020* [online]. [Cited 2 December 2020]. https://www. imf.org/en/Publications/WEO/Issues/2020/ 09/30/world-economic-outlook-october-2020.

6 FAO, IFAD, UNICEF, WFP & WHO. 2020. *The State of Food Security and Nutrition in the World 2020. Transforming food systems for affordable healthy diets*. Rome. https://doi.

org/10.4060/ca9692en.

7   南亚包括阿富汗、印度、孟加拉国、巴基斯坦、斯里兰卡、尼泊尔和伊朗。

8   东南亚国家包括东帝汶、菲律宾、柬埔寨、缅甸、泰国、印度尼西亚、越南和马来西亚。

9   大洋洲包括所罗门群岛、瓦努阿图、斐济、基里巴斯和萨摩亚。

10   东亚包括中国、朝鲜和蒙古国。

11   FAO, IFAD, UNICEF, WFP & WHO. 2020. *The State of Food Security and Nutrition in the World 2020. Transforming food systems for affordable healthy diets*. Rome. https://doi.org/10.4060/ca9692en.

12   本出版物中使用的亚太地区的定义符合联合国粮食及农业组织的区域办事处结构。因此，亚洲和太平洋包括东亚、东南亚和南亚以及大洋洲。中亚和西亚不包括在内。"太平洋"单独使用时表示大洋洲，不包括澳大利亚和新西兰。

13   Headey, D., Heidkamp, R., Osendarp, S., Ruel, M., Scott, N., Black, R., Shekar, M., Bouis, H., Flory, A., Haddad, L. & Walker, N. 2020. Impacts of COVID-19 on childhood malnutrition and nutrition-related mortality. *The Lancet*, 396(10250): 519-521 [online]. [Cited 18 November 2020]. https://doi.org/10.1016/S0140-6736(20)31647-0.

14   极度贫困的定义是每天生活费低于1.9美元。

15   FAO, IFAD, UNICEF, WFP & WHO. 2020. *The State of Food Security and Nutrition in the World 2020. Transforming food systems for affordable healthy diets*. Rome. https://doi.org/10.4060/ca9692en.

16   McGovern, M.E., Krishna, A., Aguayo, V. M. & Subramanian, SV. 2017. A review of the evidence linking child stunting to economic outcomes. *International Journal of Epidemiology*, 46(4): 1171-1191 [online]. [Cited 18 November 2020]. https://doi.org/10.1093/ije/dyx017; Hoddinott, J., Alderman, H., Behrman, J.R. & Horton, S. 2013. The economic rationale for investing in stunting reduction. Maternal and Child Nutrition [online]. [Cited 18 November 2020]. https://doi.org/10.1111/mcn.12080.

17   Popkin, B.B., Corvalan, C., & Grummer-Strawn, L.M. Dynamics of the Double Burden of Malnutrition and the Changing Nutrition Reality. *The Lancet*, 395, no. 10217 (2020): 65-74 [online]. [Cited 18 November 2020]. https://doi.org/https://doi.org/10.1016/S0140-6736(19)32497-3.

18   Blankenship, J., Rudert, C., & Aguayo, V.M. 2020. Triple trouble: Understanding the burden of child undernutrition, micronutrient deficiencies, and overweight in Eastern Asia and the Pacific. *Maternal and Child Nutrition*, 16(S2):e12950 [online]. [Cited 18 November 2020]. https://doi.org/10.1111/mcn.12950.

19   联合国儿童基金会、世界卫生组织、国际复兴开发银行和世界银行. 2020. *Levels*

and trends in child malnutrition: Key Findings of the 2020 Edition of the Joint Child Malnutrition Estimates. Geneva: World Health Organization; 2020. (available at https://www.who.int/publications/i/item/jme-2020-edition).

20 2020年全球营养报告：采取行动消除营养不良. Bristol, UK: Development Initiatives.

21 2020年全球营养报告：采取行动消除营养不良. Bristol, UK: Development Initiatives.

22 联合国儿童基金会、世界卫生组织、国际复兴开发银行和世界银行. 2020. *Levels and trends in child malnutrition: Key Findings of the 2020 Edition of the Joint Child Malnutrition Estimates*. Geneva: World Health Organization; 2020. Licence: CC BY-NC-SA 3.0 IGO. (available at https://www.who.int/publications/i/item/ jme-2020-edition).

23 FAO, UNICEF, WFP & WHO. 2019. *Placing Nutrition at the Centre of Social Protection. Asia and the Pacific Regional Overview of Food Security and Nutrition 2019*. Bangkok. (available at http://www.fao.org/documents/card/en/c/ ca7062en/).

24 WHO. 2020. *Global Action Plan on Child Wasting: a framework for action to accelerate progress in preventing and managing child wasting and the achievement of the Sustainable Development Goals* [online]. Geneva. [Cited 18 November 2020]. https://www.who.int/ publications/m/item/global-action-plan-on-child-wasting-a-framework-for-action.

25 Victora, C.G., Adair, L., Fall, C., Hallal, P.C., Martorell, R., Richter, L. & Sachdev, H,S. 2008. Maternal and Child Undernutrition: Consequences for Adult Health and Human Capital. *The Lancet*, 371(9609):340-357 [online]. [Cited 19 November 2020]. https://doi. org/10.1016/ S0140-6736(07)61692-4.

26 WHO. 2020. *Child growth standards* [online]. Geneva. [Cited 19 November 2020]. https:// www.who.int/ childgrowth/en/.

27 FAO, UNICEF, WFP & WHO. 2019. *Placing Nutrition at the Centre of Social Protection. Asia and the Pacific Regional Overview of Food Security and Nutrition 2019*. Bangkok. (available at http://www.fao.org/documents/card/en/c/ ca7062en/).

28 WHO. 2013. *Global action plan for the prevention and control of non-communicable diseases 2013-2020* [online]. Geneva. [Cited 19 November 2020]. http://apps.who.int/ iris/ bitstream/10665/94384/1/9789241506236_eng. pdf?ua=1.

29 注意：许多亚洲国家使用较低的BMI分界点来衡量超重和肥胖。这与研究表明的在亚洲人口中，超重/肥胖的负面健康影响从较低的BMI值开始是一致的。Ma, R.C.W. & Chan, J.C.N. 2013. Type 2 diabetes in East Asians: similarities and differences with populations in Europe and the United States. *Annals of the New York Academy of Sciences*, 1281(1): 64-91 [online]. [Cited 19 November 2020]. https://doi.org/10.1111/ nyas.12098; Wen, C.P., Cheng, T.Y.D., Tsai, S.P., Chan, H.T., Hsu, H.L., Hsu, C.C. & Eriksen, M.P. 2009. Are Asians at greater mortality risk for being overweight than

Caucasians? Redefining obesity for Asians. *Public Health Nutrition*, 12(4): 497-506 [online]. [Cited 19 November 2020]. https://doi.org/10.1017/S1368980008002802; WHO expert consultation. 2004. Appropriate body-mass index for Asian populations and its implications for policy and intervention strategies. *The Lancet*, 363(1): 157-163 [online]. [Cited 19 November 2020]. https://doi.org/10.1016/ S0140-6736(03)15268-3; Deurenberg-Yap, M., Chew, S.K.& Deurenberg, P. 2002. Elevated body fat percentage and cardiovascular risks at low body mass index levels among Singaporean Chinese, Malays and Indians. *Obesity Reviews*, 3, 209-215 [online]. [Cited 19 November 2020]. https://doi.org/10.1046/j.1467-789X.2002.00069.x; Mahajan, K. & Batra, A. 2017. Obesity in adult Asian Indians – the ideal BMI cut-off. *Indian Heart Journal*, 70: 194-196 [online]. [Cited 19 November 2020]. https://doi.org/10.1016/j.ihj.2017.11.020.

30 WHO. 2013. *Global action plan for the prevention and control of non-communicable diseases 2013-2020* [online]. Geneva. [Cited 19 November 2020]. http://apps.who.int/ iris/ bitstream/10665/94384/1/9789241506236_eng. pdf?ua=1.

31 Afshin, A., Forouzanfar, M. H., Reitsma, M. B., Sur, P., Estep, K., Lee, A., Marczak, L., et al. 2017. Health Effects of Overweight and Obesity in 195 Countries over 25 Years. *The New England Journal of Medicine*, 377, 13-27 [online]. [Cited 19 November 2020]. https://www.nejm.org/doi/ full/10.1056/nejmoa1614362.

32 亚洲开发银行研究所. Helble, M., Sato, A., eds. 2018. *Wealthy but Unhealthy Overweight and Obesity in Asia and the Pacific: Trends, Costs, and Policies for Better Health*. Tokyo, Japan. (available at https://www.adb.org/sites/default/files/publication/ 432536/adbi-wealthy-unhealthy-overweight-obesity-asia-pacific.pdf).

33 Popkin, B.M., Adair, L.S. & Shu, W.N. 2012. Global Nutrition Transition and the pandemic of obesity in developing Countries. *Nutrition Reviews*, 70(1):3-21[online]. [Cited 19 November 2020]. https://doi.org/10.1111/j.1753-4887.2011.00456.x.

34 来自世界卫生组织的34个西太平洋国家包括柬埔寨、中国、库克群岛、斐济、基里巴斯、老挝、马来西亚、马绍尔群岛、密克罗尼西亚（联邦）、蒙古国、瑙鲁、纽埃、帕劳、巴布亚新几内亚、菲律宾、韩国、萨摩亚、所罗门群岛、汤加、图瓦卢、瓦努阿图、越南。

35 世界卫生组织西太平洋区域办事处（世界卫生组织西太平洋区域办事处）. 2017. *Overweight and obesity in the Western Pacific Region*. Manila, Philippines. (available at https://apps.who.int/iris/handle/10665/ 255475).

36 WHO. 2017. *Overweight and obesity in the Western Pacific Region*. Manila, Philippines. (available at https://apps.who.int/iris/handle/10665/255475).

37 这八类食物是：1）谷物、块根和块茎；2）豆类和坚果；3）乳制品；4）肉类食品，包括肉、禽、鱼；5）鸡蛋；6）富含维生素A的水果和蔬菜；7）其他水果和蔬菜；8）母乳。婴幼儿喂养指标工作组. 2006. Developing and validating simple indicators of dietary quality and energy intake of infants and young children in developing countries. Washington, DC, Food and Nutrition Technical Assistance (FANTA).

38 中非指的是儿童基金会区域办事处，包括安哥拉、喀麦隆、中非共和国、乍得、刚果、刚果民主共和国、赤道几内亚、加蓬、圣多美和普林西比。

39 UNICEF. 2019. *Infant and young child feeding* [online]. New York. [Cited 19 November] https://data.unicef.org/ topic/nutrition/infant-and-young-child-feeding/.

40 WHO. 2005. *Guiding principles for feeding non-breastfed children 6-24 Months of Age.* Geneva, Switzerland. (available at https://www.who.int/maternal_child_adolescent/ documents/9241593431/en/); Pan American Health Organization (PAHO). 2003. Guiding principles for complementary feeding of a breastfed child. Washington, DC. USA. (available at https://www.who.int/ maternal_child_adolescent/documents/a85622/en/).

41 2020年全球营养报告：采取行动消除营养不良. Bristol, UK: Development Initiatives.

42 Headey, D., Hirvonen, K., & Hoddinott, J. 2018. Animal Sourced Foods and Child Stunting. *American Journal of Agricultural Economics*, 100(5): 1302-1319 [online]. [Cited 19 November 2020]. https://doi.org/10.1093/ ajae/aay053.

43 联合国儿童基金会：6～23月龄儿童在前一天食用鸡蛋或肉类食物的百分比. 2020 *UNICEF Data* [online]. New York. [Cited 19 November 2020]. https://data.unicef.org/.

44 6～23个月大的儿童在前一天没有食用任何水果或蔬菜的百分比。

45 NIPN是欧洲委员会的一项国际倡议，得到了英国国际发展部和比尔及梅琳达·盖茨基金会的支持。共有9个参与国家：孟加拉国、布基纳法索、科特迪瓦、埃塞俄比亚、危地马拉、肯尼亚、老挝、尼日尔和乌干达。

46 《2020年全球营养报告》：萨摩亚、瓦努阿图、斯里兰卡、巴基斯坦、缅甸、所罗门群岛、朝鲜。

47 《2020年全球营养报告：消除营养不良的公平行动》. Bristol, UK: Development Initiatives.

48 UNICEF. 2020. *Breastfeeding safely during the COVID-19 pandemic* [online]. New York. [Cited 19 November 2020]. https://www.unicef.org/coronavirus/breastfeeding-safely-during-covid-19-pandemic.

49 WHO. 2019. *Continued breastfeeding for healthy growth and development of children* [online]. Geneva. [Cited 19 November 2020]. https://www.who.int/elena/ titles/continued_breastfeeding/en/.

50 Neves, P.A.R., Gatica-Domínguez, G., Rollins, N., Piwoz, E., Baker, P., Barros, A.J.D. & Victora, C.G. 2020. Infant Formula Consumption Is Positively Correlated with Wealth, Within and Between Countries: A Multi-Country Study. *The Journal of Nutrition*, 150(4):

910-917 [online]. [Cited 19 November 2020]. https://doi.org/10.1093/ jn/nxz327.

51 WHO. 2017. Nutritional anaemias: tools for effective prevention and control. Geneva, Switzerland. (available at https://www.who.int/publications/i/item/9789241513067).

52 Kafa, R.I. 2012. *Iron status and factors influencing iron status of Solomon Islands women living in New Zealand: A thesis presented in the partial fulfillment of the requirements for the degree of Masters of Science (Human Nutrition)* [online]. Albany, New Zealand. [Cited 19 November 2020]. https://mro.massey.ac.nz/handle/10179/4718.

53 Balarajan, Y., Ramakrishnan, U., Özaltin, E., Shankar, A.H. & Subramanian, S.V. 2011. Anaemia in low-income and middle-income countries. *The Lancet*, 378(9809): 2123-2135 [online]. [Cited 19 November 2020]. https://doi.org/10.1016/S0140-6736(10)62304-5

54 Weatherall, D.J. 2010. The inherited diseases of hemoglobin are an emerging global health burden. *Blood*, 115(22):4331-4336 [online]. [Cited 19 November 2020]. https://doi.org/10.1182/blood-2010-01-251348.

55 WHO. 2014. *Comprehensive Implementation Plan for Maternal, Infant and Young Child Nutrition*. Geneva, Switzerland. (available at https://www.who.int/nutrition/ publications/ CIP_document/en/).

56 WHO. 2015. *The global prevalence of anaemia in 2011*. Geneva, Switzerland. (available at https://www.who.int/ nutrition/publications/micronutrients/global_prevalence_ anaemia_2011/en/).

57 WHO. 2015. *The global prevalence of anaemia in 2011*. Geneva, Switzerland. (available at https://www.who.int/ nutrition/publications/micronutrients/global_prevalence_ anaemia_2011/en/).

58 WHO. 2015. *The global prevalence of anaemia in 2011*. Geneva, Switzerland. (available at https://www.who.int/ nutrition/publications/micronutrients/global_prevalence_ anaemia_2011/en/).

59 Pasricha, S.R., Drakesmith, H., Black, J., Hipgrave, D. & Biggs, B.A. 2013. Control of iron deficiency anaemia in low-and middle-income countries. *Blood*, 121(14): 2607-2617 [online]. [Cited 19 November 2020]. https://doi.org/10.1182/blood-2012-09-453522.

60 Domellöf, M., Braegger, C., Campoy, C., Colomb, V., Decsi, T., Fewtrell, M., Hojsak, I., Mihatsch, W., Molgaard, C., Shamir, R., Turck, D. & van Goudoever, J. 2014. Iron requirements of infants and toddlers. *Journal of Pediatric Gastroenterology and Nutrition*, 58(1):119-129 [online]. [Cited 19 November 2020]. https://journals.lww.com/jpgn/ Fulltext/2014/01000/Iron_Requirements_of_Infants_and_ Toddlers.28.aspx.

*第二部分注释

1 用于该项统计的亚太地区定义包括西亚和中亚。FAO, IFAD, UNICEF, WFP & WHO 2020. *The State of Food Security and Nutrition in the World 2020. Transforming food systems for affordable healthy diets*. Rome. https://doi.org/10.4060/ ca9692en.

2 FAO, IFAD, UNICEF, WFP & WHO. 2020. *The State of Food Security and Nutrition in the World 2020. Transforming food systems for affordable healthy diets*. Rome. https://doi.org/10.4060/ca9692en.

3 FAO&WHO. 2019. *Sustainable healthy diets: guiding principles*. Rome. (available at https://doi.org/10.4060/ CA6640EN).

4 WHO. 2018. *Healthy diet factsheet*. Geneva, Switzerland. (available at www.who.int/who-documents-detail/healthy-diet-factsheet394).

5 全球农业和粮食系统营养问题小组. 2016. *Food systems and diets: facing the challenges of the 21st century*. London. (available at http://glopan.org/sites/default/files/ForesightReport.pdf).

6 如果一个孩子在过去的24小时内吃了至少8种食物中的5种，他就达到了最低的饮食多样性。饮食多样性程度较低的儿童能够满足其微量营养素需求的可能性很低。

7 Black, R.E., Victora, C.G., Walker, S., Bhutta, Z, A., Christian, P., de Onis, M., Ezzati, M., Grantham-McGregor, S., Katz, J., Martorell, R. & Uauy, R. 2013. Maternal and Child Undernutrition and Overweight in Low-Income and Middle-Income Countries. *The Lancet*, 382(9890): 427-451[online]. [Cited 19 November 2020]. https://doi.org/10.1016/S0140-6736(13)60937-X.

8 WHO. 2020. Global Health Observatory (GHO) data—NCD mortality and morbidity [online]. Geneva. [Cited 20 May 2020]. www.who.int/gho/ncd/mortality_morbidity/en.

9 FAO, IFAD, UNICEF, WFP & WHO. 2020. *The State of Food Security and Nutrition in the World 2020. Transforming food systems for affordable healthy diets*. Rome. https://doi.org/10.4060/ca9692en.

10 WHO. 2020. *Fact sheets, Healthy diet* [online]. Geneva. [Cited 19 November 2020]. https://www.who.int/news-room/fact-sheets/detail/healthy-diet.

11 WHO. 2016. WHO Recommendations on Antenatal Care for a Positive Pregnancy Experience. Geneva, Switzerland. (available at https://www.who.int/ publications/i/item/9789241549912).

12 Keats, E.C., Haider, B.A., Tam, E. & Bhutta, Z.A. 2019. Multiple-micronutrient supplementation for women during pregnancy. *Cochrane Database of Systematic Reviews*, 3(3): CD004905 [online]. [Cited 19 November 2020]. https://doi.org/10.1002/14651858.

CD004905.pub6.

13 Headey, D., Cho, A., Goudet, S., Oketch, J.A. & Than, Z.O. 2020. *The impacts of the COVID-19 crisis on maternal and child malnutrition in Myanmar: What to expect, and how to protect.* Myanmar SSP Policy Note 14. Washington, DC, International Food Policy Research Institute (IFPRI). (available at https://doi.org/10.2499/p15738coll2.133814).

14 Bhagowalia, P., Menon, P., Quisumbing, A.R. & Soundararajan, V. 2010. *Unpacking the Links Between Women's Empowerment and Child Nutrition Evidence Using Nationally Representative Data From Bangladesh.* Annual conference paper. Denver, Agricultural and Applied Economics Association. (available at https://ageconsearch. umn.edu/ record/61273?ln=en); Harris-Fry, H.A., Paudel, P., Shrestha, N., Harrisson, T., Beard, B.J., Jha, S., Shrestha, B.P., Manandhar, D.S., Costello, A.M.D.L., Cortina-Borja, M. & Saville, N.M. 2018. Status and determinants of intra-household food allocation in rural Nepal. *European Journal of Clinical Nutrition*, 72: 1524-1536 [online]. [Cited 19 November 2020]. https://doi.org/10.1038/s41430-017-0063-0.

15 Harris-Fry, H., Shrestha, N., Costello, A. & Saville, N.M. 2017. Determinants of Intra-Household Food Allocation between Adults in South Asia—a Systematic Review. *International Journal for Equity in Health*, 16, article number 107 [online]. [Cited 19 November 2020] https://doi.org/10.1186/s12939-017-0603-1.

16 UNICEF, Alive and Thrive, GAIN. 2020. *Draft Report Landscape review of policy and programme action to improve young children's diets in South Asia.* Kathmandu, Nepal, UNICEF Regional Office for South Asia. (forthcoming).

17 Harris-Fry, H., Shrestha, N., Costello, A. & Saville, N.M. 2017. Determinants of Intra-Household Food Allocation between Adults in South Asia—a Systematic Review. *International Journal for Equity in Health*, 16, article number 107 [online]. [Cited 19 November 2020] https://doi.org/10.1186/s12939-017-0603-1.

18 Alive & Thrive. 2018. *Desk Review on Maternal, Infant, and Young Child Nutrition and Nutrition-Sensitive Practices in Indonesia.* Jakarta, Indonesia. (available at https://www. aliveandthrive.org/wp-content/uploads/2018/10/ Indonesia-MIYCN-Desk-Review-2018. pdf); UNICEF, Alive and Thrive, GAIN. 2020. *Draft Report Landscape review of policy and programme action to improve young children's diets in South Asia.* Kathmandu, Nepal, UNICEF Regional Office for South Asia.

19 Alive & Thrive. 2018. *Desk Review on Maternal, Infant, and Young Child Nutrition and Nutrition-Sensitive Practices in Indonesia.* Jakarta, Indonesia. (available at https://www. aliveandthrive.org/wp-content/uploads/2018/10/Indonesia-MIYCN-Desk-Review-2018. pdf); Save the Children, Rural Development Agency (RDA), United States Agency for

International Development (USAID) Nurture Project. 2016. *A Literature Review: Maternal, Infant and Young Child Nutrition and WASH Practices in Lao PDR.*; Februhartanty, J. 2012. Desk Review Studies on Factors affecting complementary feeding practices and maternal nutrition in Indonesia. Report.; Gordoncillo NP, Talavera MTM, Barba CVC, Quimbo MAT. 2017. Knowledge and use of complementary food fortification with multiple micronutrient powders in selected communities in the Philippines. *Malaysian Journal of Nutrition*, 23(2):191-198 [online]. [Cited 19 November 2020]. https://nutriweb.org.my/mjn/publication/23-2/c.pdf.

20 WFP. 2017. *Fill the Nutrient Gap Pakistan: Summary Report* [online]. [Cited 02 December 2020]. https://docs. wfp.org/api/documents/WFP-0000040001/download/; WFP. 2017. *Fill the Nutrient Gap Lao PDR: Summary Report* [online]. [Cited 24 November 2020]. https://www.wfp.org/ publications/2017-fill-nutrient-gap-lao-pdr; WFP. 2018. *Fill the Nutrient Gap Philippines: Summary Report* [online]. [Cited 24 November 2020]. https://www.wfp.org/ publications/2018-fill-nutrient-gap-philippines-summary-report; WFP. 2017. *Fill the Nutrient Gap Cambodia: Summary Report* [online]. [Cited 24 November 2020]. https://docs.wfp.org/api/documents/WFP-0000070325/download/; WFP. 2019. *Fill the Nutrient Gap Bangladesh: Concise Report* [online]. [Cited 24 November 2020]. https://docs.wfp.org/api/ documents/WFP-0000114508/download/.

21 Goudet, S., Lwin, M.H., & Griffiths, P.L. 2020. Exploring Food Security and Nutrition among Young Women in the Formally Regulated Garment Sector of Myanmar. *Annals of the New York Academy of Sciences*, 1468(1):35-54 [online]. [Cited 24 November 2020]. https://doi.org/10.1111/ nyas.14370.

22 Pries, A.M., Huffman, S.L., Champeny, M., Adhikary, I., Benjamin, M., Coly, A.N., Diop, E.H.I., Mengkheang, K., Sy, N.Y., Dhungel, S., Feeley, A., Vitta, B. & Zehner, E. 2017. Consumption of Commercially Produced Snack Foods and Sugar-Sweetened Beverages during the Complementary Feeding Period in Four African and Asian Urban Contexts. *Maternal & Child Nutrition*, 13(S2):e12412 [online]. [Cited 24 November 2020]. https://doi.org/10.1111/ mcn.12412; Sanghvi, T., Seidel, R., Baker, J. & Jimerson, A. 2017. Using Behavior Change Approaches to Improve Complementary Feeding Practices. *Maternal & Child Nutrition*, 13(S2):e12406 [online]. [Cited 24 November 2020]. https://doi.org/10.1111/mcn.12406; NCD Risk Factor Collaboration (NCD-RisC). 2017. Worldwide Trends in body mass index, underweight, overweight, and obesity from 1975 to 2016: A pooled analysis of 2416 population-based measurement studies in 128.9 million children, adolescents, and adults. *The Lancet*, 390(10113): 2627-2642 [online]. [Cited 24 November 2020]. https://doi.org/10.1016/ S0140-6736(17)32129-3.

23　Sanghvi, T., Seidel, R., Baker, J. & Jimerson, A. 2017. Using Behavior Change Approaches to Improve Complementary Feeding Practices. *Maternal & Child Nutrition*, 13(S2):e12406 [online]. [Cited 24 November 2020]. https://doi.org/10.1111/mcn.12406.

24　Hirvonen, K., Hoddinott, J., Minten, B. & Stifel, D. 2017. Children's diets, nutrition knowledge, and access to markets. *World Development*, 95: 303-315 [online]. [Cited 24 November 2020]. https://www.sciencedirect.com/science/ article/pii/S0305750X17300682; Nguyen, P.H., Frongillo, E. A., Kim, S. S., Zongrone, A. A., Jilani, A., Tran, L. M., Sanghvi, T. & Menon, P. 2019. Information diffusion and social norms are associated with infant and young child feeding practices in Bangladesh. *The Journal of Nutrition*, 149 (11): 2034-2045 [online]. [Cited 24 November 2020]. https://doi.org/10.1093/jn/nxz167.

25　Kim, S.S., Nguyen, P.H., Tran, L.M., Alayon, S., Menon, P & Frongillo, E.A. 2019. Different Combinations of Behavior Change Interventions and Frequencies of Interpersonal Contacts Are Associated with Infant and Young Child Feeding Practices in Bangladesh, Ethiopia, and Viet Nam. *Current Developments in Nutrition*, 4(2):nzz140 [online]. [Cited 25 November 2020]. https://doi.org/10.1093/cdn/ nzz140; Sanghvi, T., Jimerson, A., Hajeebhoy, N., Zewale. & Nguyen, G.H. 2013. Tailoring Communication Strategies to Improve Infant and Young Child Feeding Practices in Different Country Settings. *Food and Nutrition Bulletin*, 34(3):S169-180 [online]. [Cited 25 November 2020]. https://doi. org/10.1177/15648265130343S204.

26　在老挝农民营养学校（营养知识中心）是以村庄为单位的半结构化机构，侧重于有关营养的基本信息和互动讨论，其目标对象是孕妇和哺乳妇女以及子女在两岁以下的母亲。WFP. 2020. *Farmer Nutrition School Booklet* [online]. [Cited 25 November 2020]. https://docs.wfp.org/api/ documents/WFP-0000113996/download/.

27　SPRING. 2017. *Bangladesh: Farmer Nutrition School Cohort Study. Sustainability of Improved Practices Following Graduation. Arlington, VA: Strengthening Partnerships, Results, and Innovations in Nutrition Globally (SPRING) project* [online]. [Cited 25 November 2020]. https://www.spring-nutrition.org/sites/default/files/ publications/reports/ spring_bd_farmer_nutrition_cohort.pdf.

28　Menon, P., Nguyen, P.H., Saha, K.K., Khaled, A., Sanghvi, T., Baker, J., Afsana, K., Haque, R., Frongillo, E.A., Ruel, M.T. & Rawat, R. 2016. Combining Intensive Counseling by Frontline Workers with a Nationwide Mass Media Campaign Has Large Differential Impacts on Complementary Feeding Practices but Not on Child Growth: Results of a Cluster-Randomized Programme Evaluation in Bangladesh. *The Journal of Nutrition*, 146(10):2075-2084 [online]. [Cited 25 November 2020]. https://doi.org/10.3945/ jn.116.232314.

29 Save the Children, USAID. 2019. NOURISH Project: Endline Survey Report [online]. Phnom Pehn. [Cited 25 November 2020]. https://resourcecentre.savethechildren. net/node/16675/pdf/NOURISH%20Project%20Endline%20 Survey%20Report%20April%20 2019%20Final.pdf.

30 Sawyer, S.M., Reavley, N., Bonell, C. & Patton. G.C. 2017. *Child and Adolescent Health and Development. 3rd edition: Chapter 21 Platforms for delivering adolescent health actions*. Washington, DC. The International Bank for Reconstruction and Development, The World Bank. (available at https://www.ncbi.nlm.nih.gov/books/NBK525275/).

31 Basnet, S., Frongillo, E.A., Nguyen, P.H., Moore, S. & Arabi, M. Associations of maternal resources with care behaviours differ by resource and behaviour. *Maternal & Child Nutrition*, 16(3):e12977 [online]. [Cited 25 November 2020]. https://doi.org/10.1111/mcn.12977; Senarath, U., Godakandage, S.S., Jayawickrama, H., Siriwardena, I. & Dibley, M.J. 2011. Determinants of inappropriate complementary feeding practices in young children in Sri Lanka: Secondary data analysis of demographic and health survey 2006-2007. *Maternal & Child Nutrition*, 8(s1):60-77 [online]. [Cited 25 November 2020]. https://doi.org/10.1111/j.1740-8709.2011.00375.x; Monterrosa, E.C., Pelto, G.H., Frongillo, E.A. & Rasmussen, K.M. 2012. Constructing maternal knowledge frameworks. How mothers conceptualize complementary feeding. *Appetite*, 59(2):377-384, https://doi.org/10.1016/j.appet.2012.05.032.

32 FAO. 2018. *Sustainable Food Systems—Concepts and Framework*. Rome. (available at http://www.fao.org/3/ ca2079en/CA2079EN.pdf); Global Panel. 2016. *Food systems and diets: Facing the challenges of the 21stcentury*. London. (available at https://www.ifpri.org/publication/ food-systems-and-diets-facing-challenges-21st-century).

33 Fan. S.G. 2019. The intersection between climate change, food, and migration: Transforming agri-food systems for human and planetary health. *Asia & the Pacific Policy Society*, 8 July 2019. (available at https://www.policyforum. net/the-intersection-between-climate-change-food-and-migration/).

34 Fan. S.G. 2019. The intersection between climate change, food, and migration: Transforming agri-food systems for human and planetary health. *Asia & the Pacific Policy Society*, 8 July 2019. (available at https://www.policyforum. net/the-intersection-between-climate-change-food-and-migration/).

35 FAO & WHO. 2019. Inter-Regional meeting to promote healthy diets through the informal food sector. Bangkok. (available at http://www.fao.org/asiapacific/events/ detail-events/en/c/1614/); London Borough of Tower Hamlets & NHS Tower Hamlet. 2011. *Tackling the takeways: A new policy to address Fast-foods outlets in Tower Hamlets* [online]. [Cited 25

November 2020]. https://www.towerhamlets.gov.uk/Documents/Planning-and-building-control/Strategic-Planning/Local-Plan/Evidence-base/A5-Takeways.pdf; Foresight. 2007. *Tackling Obesities: Future choices—Obesenogenic Environments—Evidence Review.* Government Office. London. (available at https://assets.publishing.service.gov.uk/government/uploads/ system/uploads/attachment_data/file/295681/07-735-obesogenic-environments-review.pdf).

36 FAO & WHO. 2019. Inter-Regional meeting to promote healthy diets through the informal food sector. Bangkok. (available at http://www.fao.org/asiapacific/events/ detail-events/en/c/1614/).

37 FAO, IFAD, UNICEF, WFP & WHO. 2020. *The State of Food Security and Nutrition in the World 2020. Transforming food systems for affordable healthy diets.* Rome, FAO. (available at https://doi.org/10.4060/ca9692en).

38 从理论上讲，增加进口可以提供消除营养不良所需的全部增量。然而，鉴于该区域幅员辽阔，其他区域的生产不太可能满足亚太地区所有增加的消费。

39 Kasem, S. & Thapa, G.B. 2011. Crop diversification in Thailand: Status, determinants, and effects on income and use of inputs. *Land Use Policy*, 28(3): 618-628 [online]. [Cited 25 November 2020]. https://doi.org/10.1016/j. landusepol.2010.12.001.

40 Alviola, P.A., Cataquiz, G.C. & Francisco, S. 2002. Global competitiveness of rice-vegetable farming systems: Implication to Philippine food security. Paper presented at the International Rice Research Conference, 16-20 September 2002, Beijing, China; Kasem, S. & Thapa, G.B. 2011. Crop diversification in Thailand: Status, determinants, and effects on income and use of inputs. *Land Use Policy*, 28(3): 618-628 [online]. [Cited 25 November 2020]. https://doi.org/10.1016/j.landusepol.2010.12.001; Maertens, M., Minten, B. & Swinnen, J. 2012. Modern food supply chains and development: Evidence from horticulture export Sectors in Sub-Saharan Africa. *Development Policy Review*, 30(4): 473-497 [online]. [Cited 25 November 2020]. https://onlinelibrary.wiley.com/doi/abs/10.1111/j.1467-7679.2012.00585.x.

41 Zhong, F. 2014. *Impact of demographic change on agricultural mechanization: Farmers' adaptation and implication for public policy*. Paper presented at the NSD/ IFPRI workshop on mechanization and agricultural transformation in Asia and Africa. 18-19 June 2014. (available at https://www.slideshare.net/IFPRIDSG/impact-of-demographic-change-on-agricultural-mechanization-farmers-adaptation-and-implication-for-public-policy).

42 Dawe, D. 2006. *Rice trade liberalization will benefit the poor*. International Rice Research Institute.; Dawe, D.C., Moya, P.F. & Casiwan, C.B., eds. 2006. *Why does the Philippines import rice? Meeting the challenge of trade liberalization*. pp. 43-52. International Rice

Research Institute & Philippine Rice Research Institute. (available athttp://books.irri.org/ 9712202097_content.pdf).

43　For the Pacific, the common indigenous/traditional crops used for young child feeding are sweet potato, taro, yam, banana (both cooking and ripe ready-to-eat varieties), pawpaw and coconut (young coconut flesh and water). Island cabbage or Hibiscus Manihot, is a commonly eaten green leave across the Pacific and also used for feeding young children.

44　FAO, IFAD, UNICEF, WFP & WHO. 2020. *The State of Food Security and Nutrition in the World 2020. Transforming food systems for affordable healthy diets*. Rome, FAO. (available at https://doi.org/10.4060/ca9692en).

45　FAO. 2018. *Food systems for healthy diets. Policy Guidance Note*, 12 [online]. Rome. [Cited 25 November 2020] http://www.fao.org/3/CA2797EN/ca2797en.pdf.

46　Reardon, T., Echeverria, R., Berdegué, J., Minten, B., Liverpool-Tasie, S., Tschirley, D. & Zilbermane, D. 2019. Rapid transformation of food systems in developing regions: Highlighting the role of agricultural research and innovations. *Agricultural Systems*, 172:47-59 [online]. [Cited 25 November 2020]. https://doi.org/10.1016/j. agsy.2018.01.022.

47　WHO, UNICEF & International Baby Foods Action Network (IBFAN). 2020. *2020 Status Report on the National Implementation of the Code of Marketing of Breast-milk Substitutes* [online]. [Cited 03 December 2020]. https://www.who.int/news-room/events/ detail/2020/05/28/default-calendar/online-launch-2020-status-report-on-the-national-implementation-of-the-code-of-marketing-of-breast-milk-substitutes.

48　WHO. 2018. *Marketing of Breast-Milk Substitutes: National Implementation of the International Code, Status Report 2018*. Geneva, Switzerland. (available at https://www. who.int/nutrition/publications/infantfeeding/ code_report2018/en/).

49　与《守则》基本一致意味着各国已颁布立法或通过了包含《守则》的一系列重要条款和随后的世界卫生大会决议的法规、法令或其他具有法律约束力的措施（得分75～100）。

50　与《守则》适度一致表示各国已制定立法或通过包含《守则》多数条款和随后的世界卫生大会决议的法规、法令或其他具有法律约束力的措施（得分为50～75）。

51　《守则》的一些条款表明，各国颁布的立法或通过的法规、指示、法令或其他具有法律约束力的措施所涵盖的内容少于《守则》条款或随后的世界卫生大会决议的一半（得分<50）。

52　没有法律措施表示国家没有采取行动或仅通过自愿协议或其他非法律措施执行《守则》（包括已起草但未颁布立法的国家）。

53　FAO. 2018. *Food systems for healthy diets. Policy Guidance Note*, 12 [online]. Rome. [Cited 25 November 2020] http://www.fao.org/3/CA2797EN/ca2797en.pdf.

54 FAO. Forthcoming. *Innovations in Asian food value chains and their implications for smallholder farmers*. Bangkok, Thailand.

55 Asia Pacific Food Industry. 2018. IGD: Growth of Asia's Online Grocery. *Asia Pacific Food Industry* [online]. [Cited 26 November 2020]. https://apfoodonline.com/igd-growth-of-asias-online-grocery/.

56 Swinburn, B.A., Kraak, V., Allender, S., Atkinds, V.J., Baker, P.I, et al. 2019. The Global Syndemic of Obesity, Undernutrition, and Climate Change: The Lancet Commission report. *The Lancet*, 393(10173):791-846 [online]. [Cited 26 November 2020]. https://pubmed.ncbi.nlm.nih. gov/30700377/.

57 Swinburn, B.A., Kraak, V., Allender, S., Atkinds, V.J., Baker, P.I, et al. 2019. The Global Syndemic of Obesity, Undernutrition, and Climate Change: The Lancet Commission report. *The Lancet*, 393(10173):791-846 [online]. [Cited 26 November 2020]. https://pubmed.ncbi.nlm.nih. gov/30700377/; Cairns, G., K. Angus, and G. Hastings. 2009. *The extent nature and effects of food promotion to children: a review of the evidence to December 2008. Prepared for the World Health Organization* [online]. [Cited 26 November 2020]. https://www.who.int/ dietphysicalactivity/publications/marketing_evidence_ 2009/en/.

58 Raj, A., Snowdon, W. & Drauna, M. 2013. Exposure to advertising of "Junk Food" in the Pacific Islands. *Fiji Journal of Public Health*, 2(1):36-37 [online]. [Cited 26 November 2020]. http://health.gov.fj/PDFs/Fiji%20Journal%20of% Public%20Health%20 Vol2Issue1.pdf; Hope, S.F., Snowdon, W., Carey, L.B. & Robinson, P. 2013. "Junk food" promotion to children and adolescents in Fiji. *Fiji journal of public health*, 2(1):27-35 [online]. [Cited 26 November 2020]. http://health.gov.fj/PDFs/Fiji%20Journal%20of%20 Public%20 Health%20Vol2Issue1.pdf.

59 WHO WPRO. 2020. *Regional action framework on protecting children from the harmful impact of food marketing in the Western Pacific*. Manila. (available at https://iris.wpro. who. int/handle/10665.1/14501); Naidu, J. 2019. Waiqainabete: Protecting Children From The Harmful Impact Of Food Marketing In The Pacific. FIJI Sun, 11 October 2019. (available at https://fijisun.com.fj/2019/10/11/protecting-children-from-the-harmful-impact-of-food-marketing/) Thow, A.M., G. Waqa., Browne, J., Phillips, T., McMichael, C., Ravuvu, A., Tutuo, J. & Gleeson, D. 2020. The political economy of restricting marketing to address the double burden of malnutrition: two case studies from Fiji. *Public Health Nutrition*, page 1-10 [online]. [Cited 26 November 2020]. https://doi.org/10.1017/S1368980020000440.

60 Kelly, B., King, L., Jamiyan, B., Chimedtseren, N., Bold, B., et al. 2014. Density of outdoor food and beverage advertising around schools in Ulaanbaatar (Mongolia) and Manila (The Philippines) and implications for policy. *Critical Public Health*, 25(3):280-290 [online].

[Cited 26 November 2020]. https://doi.org/10.1080/09581596.2014.940850.

61   Reeve, E, Thow, A.M., Bell, C., Engelhardt, K., Gamolo-Naliponguit, E.C., Go, J.J. & Sacks, G. 2018. Implementation lessons for school food policies and marketing restrictions in the Philippines: a qualitative policy analysis. *Globalization and Health*, 14:Article number 8 [online]. [Cited 26 November 2020]. https://globalizationandhealth. biomedcentral.com/ articles/10.1186/s12992-017-0320-y.

62   Neo, P. 2019. Food and beverage e-commerce: The future for retail, logistics, payment and personalization. Food navigator-Asia. 26 July 2019. (available at https://www. foodnavigator-asia.com/Article/2019/07/25/ Food-and-beverage-e-commerce-The-future-for-retail-logistics-payment-and-personalisation).

63   Neo, P. 2019. Food and beverage e-commerce: The future for retail, logistics, payment and personalization. Food navigator-Asia. 26 July 2019. (available at https://www. foodnavigator-asia.com/Article/2019/07/25/ Food-and-beverage-e-commerce-The-future-for-retail-logistics-payment-and-personalisation).

64   IGD. 2017. China's online grocery market to more than double by 2020. IGD. 25 Aril 2017. (available at https://www.igd.com/articles/article-viewer/t/igd-chinas-online-grocery-market-to-more-than-double-by-2020/i/16582).

65   Neo, P. 2019. Food and beverage e-commerce: The future for retail, logistics, payment and personalization. Food navigator-Asia. 26 July 2019. (available at https://www. foodnavigator-asia.com/Article/2019/07/25/ Food-and-beverage-e-commerce-The-future-for-retail-logistics-payment-and-personalisation).

66   Ara, G., Khanam, M., Rahman, A.S., Islam, Z., Farhad, S., et al. 2019. Effectiveness of micronutrient-fortified rice consumption on anaemia and zinc status among vulnerable women in Bangladesh. *PLoS One*. 14(1): e0210501 [online]. [Cited 26 November 2020]. https://doi.org/10.1371/ journal.pone.0210501.

67   Ara, G., Khanam, M., Rahman, A.S., Islam, Z., Farhad, S., et al. 2019. Effectiveness of micronutrient-fortified rice consumption on anaemia and zinc status among vulnerable women in Bangladesh. *PLoS One*. 14(1): e0210501 [online]. [Cited 26 November 2020]. https://doi.org/10.1371/ journal.pone.0210501.

68   FAO. Forthcoming. *Innovations in Asian food value chains and their implications for smallholder farmers*. Bangkok, Thailand.

69   功能性食品是指通过帮助特定的身体功能来改善健康的营养、补充剂或相关成分。

70   排除一种或多种可能导致部分消费者过敏或不耐受的成分的食品和饮料（如无麸质产品）。

71   Asia Pacific Food Industry. 2019. Asia Leads Growth for Organic Food Market. *Asia Pacific*

Food Industry. 4 January 2019. https://apfoodonline.com/industry/asia-leads-growth-for-organic-food-market/.

72 FAO. Forthcoming. *Innovations in Asian food value chains and their implications for smallholder farmers*. Bangkok, Thailand.

73 Food Industry Asia (FIA). 2020. *FIA* [online]. Singapore. [Cited 26 November 2020]. www.foodindustry.asia.

74 Global Pulse Confederation (GPC). 2018. India: Pulses in Public Distribution System (PDS). *GPC*, 30 September 2018. (available at https://globalpulses.com/post/india-pulses-in-public-distribution-system).

75 FAO, UNICEF, WFP & WHO. 2019. *Placing Nutrition at the Centre of Social Protection. Asia and the Pacific Regional Overview of Food Security and Nutrition 2019*. Bangkok. (available at http://www.fao.org/documents/card/en/c/ca7062en/).

76 Iwamoto, K. 2019. Southeast Asian sugar taxes: Bitter pills for better health. *NIKKEI Asia*, 12 March 2019. (available at https://asia.nikkei.com/Spotlight/Asia-Insight/ Southeast-Asian-sugar-taxes-Bitter-pills-for-better-health); and https://www.thestar.com.my/news/nation/2019/07/01/sugar-tax-kicks-off-todaycustoms-sweetened-beverage-importers-must-submit-lab-reports.

77 FAO, IFAD, UNICEF, WFP & WHO. 2020. *The State of Food Security and Nutrition in the World 2020. Transforming food systems for affordable healthy diets*. Rome, FAO. (available at https://doi.org/10.4060/ca9692en); and Obesity Evidence Hub. 2020. Countries that have implemented taxes on sugar-sweetened beverages (SSBs) [online]. [Cited 26 November 2020] https://www.obesityevidencehub.org.au/collections/ prevention/countries-that-have-implemented-taxes-on-sugar-sweetened-beverages-ssbs.

78 In East Asia Pacific—Minimum acceptable diet in children 6-23 months was 30 percent and only 12 percent of children 62-3 months in Southern Asia met MAD. While 23 and 55 percent of children 6-23 months in EAP and SA have zero consumption of fruits and vegetables. UNICEF. 2019. *The State of the World's Children 2019: Children, food and nutrition: Growing well in a changing world*. New York. (available at https://www.unicef.org/reports/state-of-worlds-children-2019).

79 WHO. 2018. *Global nutrition policy review 2016-2017: country progress in creating enabling policy environments for promoting healthy diets and nutrition*. Geneva. (available at https://www.who.int/publications/i/item/9789241514873).

80 WHO South-East Asia Region: Bangladesh, Bhutan, Democratic People's Republic of Korea, India, Indonesia, Maldives, Myanmar, Nepal, Sri Lanka, Thailand, Timor-Leste.

81 Ara, G., Khanam, M., Rahman, A.S., Islam, Z., Farhad, S., et al. 2019. Effectiveness of

micronutrient-fortified rice consumption on anaemia and zinc status among vulnerable women in Bangladesh. *PLoS One.* 14(1): e0210501 [online]. [Cited 26 November 2020]. https://doi.org/10.1371/ journal.pone.0210501.

82 WHO. 2018. *Global nutrition policy review 2016-2017: country progress in creating enabling policy environments for promoting healthy diets and nutrition.* Geneva. (available at https://www.who.int/publications/i/item/9789241514873).

83 世界卫生组织西太平洋区域：澳大利亚、文莱达鲁萨兰国、柬埔寨、中国、库克群岛、斐济、日本、基里巴斯、老挝、马来西亚、马绍尔群岛、密克罗尼西亚（联邦）、蒙古国、瑙鲁、新西兰、纽埃、帕劳、巴布亚新几内亚、菲律宾、韩国、萨摩亚、新加坡、所罗门群岛、汤加、图瓦卢、瓦努阿图、越南。

84 The nutrient adequate diet includes, per person, the average energy needs and the recommended intake for protein, fat, four minerals and nine vitamins. The modelled household varies by country, but typically includes one breastfed child aged 12-23 months, one school-aged child (6-7 years), one adolescent girl (14-15 years), one lactating woman and one adult man. WFP. 2019. *Fill the Nutrient Gap* [online]. Rome. [Cited 27 April 2020]. https://www.wfp. org/publications/2020-fill-nutrient-gap).

85 WFP. *Fill the Nutrient Gap, 8 countries in Asia and Pacific* [online]. [Cited 03 December 2020]. https://www.wfp.org/ publications/2020-fill-nutrient-gap.

86 Wawa Mum is a chickpea based lipid-based nutrient supplements (LNS), used for targeted nutrition treatment programs. Khan, GN., Kureishy, S., Ariff, S., Rizvi, A., Sajid, M., Garzon, C., et al. 2020. Effect of lipid-based nutrient supplement—Medium quantity on reduction of stunting in children 6-23 months of age in Sindh, Pakistan: A cluster randomized controlled trial. *PLoS ONE*,15(8): e0237210 [online]. [Cited 15 September 2020]. https://doi. org/10.1371/journal.pone.0237210; WFP. 2020. WFP Specialized Nutritious Foods Sheet. (available at https://www.wfp.org/specialized-nutritious-food).

87 WFP. *Fill the Nutrient Gap, 8 countries in Asia and Pacific* [online]. [Cited 03 December 2020]. https://www.wfp.org/ publications/2020-fill-nutrient-gap.

88 Garcia-Casal, M.N., Mowson, R., Rogers, L. & Grajeda, R. 2019. Risk of excessive intake of vitamins and minerals delivered through public health interventions: objectives, results, conclusions of the meeting, and the way forward. *Annals of the New York Academy of Sciences*, 1446 (1):5-20 [online]. [Cited 26 November 2020]. https://pubmed.ncbi.nlm.nih. gov/30291627/.

89 FAO, IFAD, UNICEF, WFP & WHO. 2020. *The State of Food Security and Nutrition in the World 2020. Transforming food systems for affordable healthy diets.* Rome. https://doi. org/10.4060/ca9692en.

90 FAO, IFAD, UNICEF, WFP & WHO. 2020. *The State of Food Security and Nutrition in the World 2020. Transforming food systems for affordable healthy diets*. Rome. https://doi.org/10.4060/ca9692en.

91 Otten, J.J., Hellwig, J.P. & Meyers, L.D., eds. 2006. Dietary reference intakes: the essential guide to nutrient requirements. Washington, DC, The National Academy Press. (available at www.nal.usda.gov/sites/default/files/ fnic_ uploads/DRIEssentialGuideNutReq.pdf).

92 WHO. 2020. Healthy diet. In: *World Health Organization* [online]. Geneva, Switzerland. [Cited 15 April 2020]. www.who.int/who-documents-detail/ healthy-diet-factsheet394; WHO. 2020. Dietary recommendations—Nutritional requirements. In: *World Health Organization* [online]. Geneva, Switzerland. [Cited 20 April 2020]. www.who.int/ nutrition/topics/ nutrecomm/en; WHO. 2020. Five keys to a healthy diet [online]. Geneva, Switzerland. [Cited 24 April 2020]. www.who.int/nutrition/topics/5keys_healthydiet/en.

93 注：饮食成本使用购买力平价汇率计算，而非市场汇率。

94 摄入这种饮食不仅能保证足够的热量，还能通过碳水化合物、蛋白质、脂肪、必需维生素和矿物质的平衡组合，在防止缺乏和避免毒性所需的范围内保证充足的营养。

95 摄入这种饮食确保了足够的热量和营养，但也包括从几种不同的食物组中摄入更多样化的食物。这种饮食旨在满足所有营养充足的要求，并帮助预防营养不良和非传染性疾病。

96 摄入这种饮食可以确保每天工作时有足够的热量来维持能量平衡。对于一个特定国家而言，仅使用玉米、粥或大米等基本的淀粉主食就可以实现这一点。

97 Herforth, A., Bai, Y., Venkat, A., Mahrt, K., Ebel, A. & Masters, M. 2020. *Cost and affordability of nutritious diets across countries. Technical background paper for the State of Food Security and Nutrition in the World 2020*. FAO, Rome. (available at https://sites.tufts.edu/candasa/files/2020/08/ HerforthEtAl_BackgroundPaperForSOFI_FAO-ESA-TechnicalSeries_14Aug2020.pdf).

98 This statement is based on calculations using official national consumer price index statistics through August or September, depending upon the country. For more details, and an earlier version of this analysis. FAO. 2020. *Impacts of coronavirus on food security and nutrition in Asia and the Pacific: building more resilient food systems*. Bangkok. https://doi.org/10.4060/ca9473en.

99 Gentilini, U. 2020. *Social Protection and Jobs Responses to COVID-19: A Real-Time Review of Country Measures* [online]. [Cited 03 June 2020]. https://www.ugogentilini.net/.

100 FAO. 2020. *Rapid assessment: State of Food and Agricultural Among Herders & Farmers in Mongolia during COVID-19*. Ulaanbaatar, Mongolia.

101 World Bank. 2020. Monitoring COVID-19 Impacts on Households in Mongolia [online].

Washington, DC. [Cited 26 November 2020]. https://www.worldbank.org/en/ country/ mongolia/brief/monitoring-covid-19-impacts-on-households-in-mongolia?cid=SHR_ SitesShareTT_EN_EXT.

102 WHO. 2020. Nutrient requirements and dietary guidelines [online]. Geneva. [Cited 25 April 2020]. https://www.who.int/nutrition/publications/nutrient/en/.

103 尽管在图2-5所示的家庭中，6～23个月的儿童补充喂养的成本最低，但其所需的营养密度很大。例如，每100千卡的食物，一个6～8个月的母乳喂养的婴儿需要摄入相当于成年男子摄入量9倍的铁和4倍的锌。Dewey, K.G. 2013. The challenge of meeting nutrient Needs of infants and young children during the period of complementary feeding: An evolutionary perspective. *The Journal of Nutrition*, 143(12): 2050-2054 [online]. [Cited 26 November 2020]. https://www.ncbi.nlm.nih.gov/ pmc/articles/PMC3827643/.

104 营养膳食的最低成本是为代表人口中营养脆弱目标群体的5人示范家庭估算的。示例家庭包括一名12～23个月的哺乳期婴幼儿、一名6～7岁的儿童、一名14～15岁的少女、一名哺乳成年女性和一位成年男性。WFP. 2019. *Fill the Nutrient Gap—Timor Leste Final Report* [online]. Rome. [Cited 25 April 2020]. https://docs.wfp.org/ api/ documents/WFP-0000112181/download/?_ ga=2.22703547.1617540208.1604927175-1415211437.1604927175.

105 WFP. 2019. *Fill the Nutrient Gap. Timor-Leste* [online]. Rome. [Cited 26 November 2020]. https://www.wfp.org/ publications/fill-nutrient-gap-timor-leste.

106 对于青春期的女孩来说，营养饮食的成本较高主要是因为她们需要更多的钙、铁和维生素A来促进生长和弥补经期损失的营养物质。

107 WFP. 2019. *Fill the Nutrient Gap. Timor-Leste* [online]. Rome. [Cited 26 November 2020]. https://www.wfp.org/ publications/fill-nutrient-gap-timor-leste.

108 WFP. *Fill the Nutrient Gap, 8 countries in Asia and Pacific* [online]. [Cited 03 December 2020]. https://www.wfp.org/publications/2020-fill-nutrient-gap.

109 Darmon, N. & Drewnowski, A. 2015. Contribution of food prices and diet cost to socioeconomic disparities in diet quality and health: a systematic review and analysis. *Nutrition Reviews*, 73(10):643-660 [online]. [Cited 26 November 2020]. https://pubmed. ncbi.nlm.nih. gov/26307238/; Headey, D. & Alderman, H. 2019. The Relative Caloric Prices of Healthy and Unhealthy Foods Differ Systematically across Income Levels and Continents. *The Journal of Nutrition Community*, 149(11):2020-2033 [online]. [Cited 26 November 2020]. https://doi.org/10.1093/jn/nxz158.

110 WFP. *Fill the Nutrient Gap, 8 countries in Asia and Pacific* [online]. [Cited 03 December 2020]. https://www.wfp.org/publications/2020-fill-nutrient-gap.

111 Headey, D. & Alderman, H. 2019. The Relative Caloric Prices of Healthy and Unhealthy

Foods Differ Systematically across Income Levels and Continents. *The Journal of Nutrition Community*, 149(11):2020-2033 [online]. [Cited 26 November 2020]. https://doi.org/10.1093/jn/nxz158.

112 Herforth, A., Bai, Y., Venkat, A., Mahrt, K., Ebel, A. & Masters, M. 2020. *Cost and affordability of nutritious diets across countries. Technical background paper for the State of Food Security and Nutrition in the World 2020.* FAO, Rome. (available at https://sites.tufts.edu/candasa/files/2020/08/ HerforthEtAl_BackgroundPaperForSOFI_FAO-ESA-Technical Series_14Aug2020.pdf).

113 Prüss-Üstün, A., Corvalán, C.F. 2006. *Preventing disease through healthy environments: towards an estimate of the environmental burden of disease.* Geneva, WHO. (available at file:///Users/tianyiliu/Downloads/ 9241593822_eng.pdf).

114 Caufield et al. 2004. *Undernutrition as an underlying cause of child deaths associated with diarrhea, pneumonia, malaria, and measles.* July 2004. American Journal of Clinical Nutrition 80(1):193-8, DOI: 10.1093/ajcn/80.1.193.

115 Grantham-McGregor, S., Cheung, Y.B., Cueto, S., Glewwe, P., Richter, L., et al. 2007. Developmental Potential in the First 5 Years for Children in Developing Countries. *The Lancet*, 369(9555): 60-70 [online]. [Cited 26 November 2020]. https://doi.org/https://doi.org/10.1016/S0140-6736(07)60032-4; Victora, C.G., Adair, L., Fall, C., Hallal, P.C., Martorell, R., et al. 2008. Maternal and Child Undernutrition: Consequences for Adult Health and Human Capital. *The Lancet*, 371(9609):340-357 [online]. [Cited 26 November 2020]. https://doi.org/10.1016/ S0140-6736(07)61692-4.

116 Mills, J.E. & Cumming, O. 2016. *The Impact of Water, Sanitation and Hygiene on Key Health and Social Outcomes: Review of Evidence.* Sustentation and Hygiene Applied Research for Equity (share) & UNICEF. (available at https://www.unicef.org/wash/files/The_Impact_of_WASH_on_Key_Social_and_Health_Outcomes_Review_of_Evidence.pdf); Caufield, L.E., de Onis, M., Blossner, M. & Black, R.E. 2004. Undernutrition as an underlying cause of child deaths associated with diarrhea, pneumonia, malaria, and measles. *The American Journal of Clinical Nutrition*, 80(1):193-198 [online]. [Cited 26 November 2020]. https://doi.org/ 10.1093/ajcn/80.1.193.

117 Sima, L.C. & Elimelech, M. 2013. Modeling risk categories to predict the longitudinal prevalence of childhood diarrhoea in Indonesia. *The American Society of Tropical Medicine and Hygiene*, 89(5):884-891 [online]. [Cited 26 November 2020]. https://www.ncbi.nlm.nih.gov/ pmc/articles/PMC3820331/.

118 Fahim, S.M., Das. S., Sanin, K.I., Gazi, M.A., Mahfuz, M., Islam, M.M. & Ahmed, T. 2018. Association of fecal markers of environmental enteric dysfunction with zinc and

iron status among children at first two years of life in Bangladesh. *American Journal of Tropical Medicine and Hygiene*, 99(2):489-494 [online]. [Cited 27 November 2020]. https://europepmc.org/article/med/29893201.

119 UNICEF & WHO. 2020. *Joint Monitoring Programme (JMP) global database* [online]. New York. [Cited 10 November 2020]. https://washdata.org/data/ household#!/dashboard/new. Additional details on methods: https://washdata.org/monitoring/methods.

120 Schmied, V. et al. 2020. *Feeding My Child: How mothers experience nutrition across the world. A Companion Report to The State of the World's Children 2019*. Sydney, Western Sydney University and UNICEF. https://doi.org/10.26183/5597-mw05.

121 UNICEF. 2020. *UNICEF Programming Guidance: Improving Young Children's Diets During the Complementary Feeding Period*. New York. (available at https://www.unicef.org/nutrition/files/Complementary_ Feeding_Guidance_2020_portrait_ltr_web2.pdf).

122 FAO. 2020. *Webinar on Management of Fresh Markets in COVOD-19 times. Presentation.* Bangkok. FAO Regional office for Asia and the Pacific.

123 UNICEF. 2020. *UNICEF Programming Guidance: Improving Young Children's Diets During the Complementary Feeding Period*. New York. (available at https://www.unicef.org/nutrition/files/Complementary_ Feeding_Guidance_2020_portrait_ltr_web2.pdf).

124 UNICEF. 2019. *Nutritional care of pregnant women in South Asia: Policy environment and programme action*. UNICEF Regional Office for South Asia, Kathmandu, Nepal. (available at https://www.unicef.org/rosa/media/7836/ file/Nutritional%20care%20of%20pregnant%20women%20 in%20S.Asia_Policy%20environment%20and%20 programme%20action_Final.pdf.pdf); UNICEF, Alive and Thrive, GAIN. 2020. Landscape review of policy and programme action to improve young children's diets in South Asia. Kathmandu, Nepal, UNICEF Regional Office for South Asia. (forthcoming).

125 UNICEF. 2021. *Regional Report on Maternal Nutrition and Complementary Feeding*. Bangkok, Thailand. UNICEF East Asia and Pacific Regional Office (forthcoming).

126 UNICEF. 2019. *Nutritional care of pregnant women in South Asia: Policy environment and programme action*. UNICEF Regional Office for South Asia, Kathmandu, Nepal. (available at https://www.unicef.org/rosa/media/7836/ file/Nutritional%20care%20of%20pregnant%20women%20 in%20S.Asia_Policy%20environment%20and%20 programme%20action_Final.pdf.pdf); UNICEF. 2021. *Regional Report on Maternal Nutrition and Complementary Feeding*. Bangkok, Thailand. UNICEF East Asia and Pacific Regional Office (forthcoming); UNICEF, Alive and Thrive, GAIN. 2020. *Landscape review of policy and programme action to improve young children's diets in South Asia*. Kathmandu, Nepal, UNICEF Regional Office for South Asia. (forthcoming).

127 Thow, A.M., Karn, S., Devkota, M.D., Rahseed, S., Roy, S.K., Suleman Y., et al. 2017. Opportunities for strengthening infant and young child feeding policies in South Asia: Insights from the SAIFRN policy analysis project. *BMC Public Health*, 404(2017) [online]. [Cited 27 November 2020]. https://bmcpublichealth.biomedcentral.com/ articles/10.1186/ s12889-017-4336-2; Torlesse, H. & Raju, D. 2018. *Feeding of Infants and Young Children in South Asia. Policy Research Working Paper 8655*. Washington, DC, World Bank.

128 WHO. 2016. *WHO Recommendations on Antenatal Care for a Positive Pregnancy Experience*. Geneva. (available at https://apps.who.int/iris/bitstream/handle/10665/ 250796/9789241549912-eng.pdf?sequence=1).

129 UNICEF. 2019. *Nutritional care of pregnant women in South Asia: Policy environment and programme action*. UNICEF Regional Office for South Asia, Kathmandu, Nepal. (available at https://www.unicef.org/rosa/media/7836/ file/Nutritional%20care%20of%20pregnant%20 women%20 in%20S.Asia_Policy%20environment%20and%20 programme%20action Final.pdf.pdf).

130 UNICEF. 2021. *Regional Report on Maternal Nutrition and Complementary Feeding*. Bangkok, Thailand, UNICEF East Asia and Pacific Regional Office. (forthcoming).

131 WHO. 2018. *Global nutrition policy review 2016-2017: country progress in creating enabling policy environments for promoting healthy diets and nutrition*. Geneva. (available at https://www.who.int/publications/i/item/9789241514873).

132 UNICEF. 2021. *Regional Report on Maternal Nutrition and Complementary Feeding*. Bangkok, Thailand, UNICEF East Asia and Pacific Regional Office. (forthcoming).

133 WHO. 2016. *Recommendations on antenatal care for a positive pregnancy experience* [online]. [Cited 03 December 2020]. https://www.who.int/publications/ i/ item/9789241549912; WHO. 2018. *Guidelines on counselling of women to improve breastfeeding practices* [online]. [Cited 03 December 2020]. https://www.who.int/ nutrition/ publications/guidelines/counselling-women-improve-bf-practices/en/; UNICEF. 2020. *Programme guidance on improving young children's diets during the complementary feeding period* [online]. [Cited 03 December 2020]. https://mcusercontent.com/ fb1d9aabd6c823bef179830e9/ files/12900ea7-e695-4822-9cf9-857f99d82b6a/UNICEF_ Programming_Guidance_Complementary_Feeding_2020_ Portrait_FINAL.pdf.

134 UNICEF, Alive and Thrive, GAIN. 2020. Landscape review of policy and programme action to improve young children's diets in South Asia. Kathmandu, Nepal, UNICEF Regional Office for South Asia (forthcoming).

135 UNICEF, Alive and Thrive, GAIN. 2020. Landscape review of policy and programme action to improve young children's diets in South Asia. Kathmandu, Nepal, UNICEF

Regional Office for South Asia (forthcoming).

136   UNICEF. 2020. *Regional Report on Maternal Nutrition and Complementary Feeding*. Bangkok, Thailand, UNICEF East Asia and Pacific Regional Office. (forthcoming).

137   UNICEF. 2020. *Regional Report on Maternal Nutrition and Complementary Feeding*. Bangkok, Thailand, UNICEF East Asia and Pacific Regional Office. (forthcoming).

138   UNICEF, Alive and Thrive, GAIN. 2020. Landscape review of policy and programme action to improve young children's diets in South Asia. Kathmandu, Nepal, UNICEF Regional Office for South Asia (forthcoming).

139   UNICEF. 2021. *Regional Report on Maternal Nutrition and Complementary Feeding*. Bangkok, Thailand, UNICEF East Asia and Pacific Regional Office. (forthcoming).

140   Ministry of Health, Nepal; New ERA & ICF. 2017. *Nepal Demographic and Health Survey 2016*. Kathmandu, Nepal: Ministry of Health, Nepal. (available at https://www.dhsprogram.com/pubs/pdf/fr336/fr336.pdf).

141   Ministry of Health and Population, Nepal, New ERA, UNICEF, European Union (EU); USAID & Centers for Disease Control and Prevention (CDC). 2018. *Nepal National Micronutrient Status Survey, 2016*. Kathmandu, Nepal: Ministry of Health and Population, Nepal. (available at https://www.unicef.org/nepal/reports/nepal-national-micronutrient-status-survey-report-2016).

142   世界卫生组织建议在6～23个月婴幼儿以及2～12岁学龄前儿童和学龄儿童贫血患病率为20%或更高的人群中使用含铁微量营养素粉强化食物，以补充铁的摄入，改善或减少贫血。WHO. 2016. *WHO guideline: Use of multiple micronutrient powders for point-of-use fortification of foods consumed by infants and young children aged 6~23 months and children aged 2~12 years*. Geneva. (available at https://www.who.int/publications/i/item/9789241549943).

143   Locks, L.M., Dahal, P., Pokharel, R., Joshi, N., Paudyal, N., et al. 2018. Infant and Young Child Feeding (IYCF) Practices Improved in 2 Districts in Nepal during the Scale-Up of an Integrated IYCF and Micronutrient Powder Programme. *Current Developments in Nutrition*, 2(6):nzy019 [online]. [Cited 29 November 2020]. https://doi.org/ 10.1093/cdn/nzy019.

144   Locks, L.M, Dahal, P., Pokharel, R., Joshi, N., Paudyal, N., et al. 2018. Changes in growth, anaemia, and iron deficiency among children aged 6-23 months in two districts in Nepal that were part of the post-pilot scale-up of an integrated infant and young child feeding and micronutrient powder intervention. *Maternal and Child Nutrition*, 15(2):e12693. https://doi.org/10.1111/mcn.12693.

145   调整后患病率APR [95 percent CI]: 0.79[0.65, 0.96], *P* = 0.02。

146   调整后患病率APR [95 percent CI]: 0.75 [0.58, 0.95], *P* = 0.02。

147   该方案导致食用至少30包MNP的儿童的贫血症大幅减少。然而，由于覆盖率和依从性不佳，总体人口中的贫血症并没有显著减少。这表明需要改进覆盖面、遵守情况和方案质量。UNICEF. 2018. *The Evolution of the Infant and Young Child Feeding-Multiple Micronutrient Powder (IYCF-MNP) Baal Vita Programme in Nepal.* UNICEF Nepal, Kathmandu.

148   为6～59个月的儿童提供了各种微量营养素补充方案中有以下举措：针对维生素A缺乏这一公共卫生问题，方案会安排提供补充高剂量的维生素A。针对生活在贫血症发病率高（40%或更高）的环境中的6～23个月的婴幼儿，建议其每天补充铁以预防缺铁和贫血症。世界卫生组织还建议为6～23个月的婴幼儿以及2～12岁的学龄前儿童和学龄儿童（学龄儿童贫血患病率为20%甚至更高）使用含铁微量营养素粉强化食品。基于脂质的营养素补充剂（LNS）也有益于急性营养不良的儿童，世界卫生组织建议妇女在怀孕期间补充各种微量营养素，包括铁和叶酸补充剂，建议饮食钙摄入量低的人群每日补充钙。但只有在维生素A严重缺乏的地区，才会建议孕妇补充维生素A。 UNICEF. 2018. *Coverage at a Crossroads: New directions for vitamin A supplementation programmes.* New York. (available at https://www.unicef.org/ publications/ index_102820.html).

149   UNICEF. 2018. *Coverage at a Crossroads: New directions for vitamin A supplementation programmes.* New York. (available at https://www.unicef.org/ publications/index_102820.html).

150   UNICEF. 2018. *Coverage at a Crossroads: New directions for vitamin A supplementation programmes.* New York. (available at https://www.unicef.org/ publications/index_102820.html).

151   UNICEF. 2019. *Nutritional care of pregnant women in South Asia: Policy environment and programme action.* UNICEF Regional Office for South Asia, Kathmandu, Nepal. (available at https://www.unicef.org/rosa/media/7836/ file/Nutritional%20care%20of%20pregnant%20 women%20 in%20S.Asia_Policy%20environment%20and%20 programme%20action_ Final.pdf.pdf).

152   UNICEF. 2021. *Regional Report on Maternal Nutrition and Complementary Feeding.* Bangkok, Thailand, UNICEF East Asia and Pacific Regional Office. (forthcoming).

153   Acha Mum is a chickpea based LNS-Large Quantity, used for treatment of moderate acute malnutrition. Comes in 100 g sachets. Comparable to Plumpy 'Sup. WFP. WFP Specualized Nutritious Foods Sheet. (available at: https://documents.wfp.org/stellent/groups/public/ documents/communications/wfp255508.pdf).

154   UNICEF. 2018. *New fish-based ready-to-use-therapeutic food to treat children with severe*

acute malnutrition in Cambodia [online]. [Cited 29 November 2020]. https://www.unicef. org/eap/press-releases/new-fish-based-ready-use-therapeutic-food-treat-children-severe-acute-malnutrition.

155 Sri Lanka Thriposha Ltd. 2020. Nutritional constituents of thriposha [online]. [Cited 29 November 2020]. http://www.thriposha.lk/thriposha-production/nutrient-content/.

156 社会保障是一套政策和方案，旨在防止和保障所有人（尤其是弱势群体）在其整个生命周期免受贫穷、脆弱性和社会排斥。 International Labour Organization (ILO). 2017. *World Social Protection Report 2017-2019: Universal social protection to achieve the Sustainable Development Goals*. Geneva, Switzerland (available at: https://www.ilo. org/global/ publications/books/WCMS_604882/lang--en/ index.htm).

157 Ruel, M.R., Alderman, H. & Maternal and Child Nutrition Study Group. 2013. Nutrition-sensitive interventions and programmes: how can they help to accelerate progress in improving maternal and child nutrition? *The Lancet*, 382(9891):536-551 [online]. [Cited 29 November 2020]. https://doi.org/10.1016/S0140-6736(13)60843-0.

158 International Policy Centre for Inclusive Growth (IPC-IG) & UNICEF. 2019. *Social Protection in Asia and the Pacific: Inventory of non-contributory programmes*. Brasília, International Policy Centre for Inclusive Growth. (available at https://ipcig.org/pub/eng/ RR28_Social_Protection_in_Asia_ and_the_Pacific_Inventory_of_non_contrib.pdf).

159 FAO. 2015. *Social Protection and Nutrition*. Rome. (available at http://www.fao.org/3/ a-i4819e.pdf).

160 Blankenship, J., Owen, J. & Villanueva, R. 2020. *The Social Protection Pathways to Nutrition. A stock taking of evidence in Asia and the Pacific*. UNICEF East Asia and the Pacific—Policy working paper EAPWP/02/2020.

161 Philippine Institute for Development Studies (PIDS). 2020. *Pantawid Pamilyang Pilipino Programme Third Wave Impact Evaluation (IE Wave 3): Regression Discontinuity Report*. Manila, PIDS; Blankenship, J., Owen, J. & Villanueva, R. 2020. *The Social Protection Pathways to Nutrition. A stock taking of evidence in Asia and the Pacific*. UNICEF East Asia and the Pacific—Policy working paper EAPWP/02/2020; Ahmed, A., Quisumbing, A., Nasreen, M., Hoddinott, J. & Bryan, E. 2009. *Comparing food and cash transfers to the ultra poor in Bangladesh*. IFPRI Research Monograph No. 163. Washington, DC, International Food Policy Research Institute (IFPRI).

162 Popipanova, C., Samson, M. & Jitsuchon, S. 2019. *Tackling the exclusion of poor and near-poor children from the Child Support Grant in Thailand: status quo and policy responses*. Bangkok, UNICEF; World Bank. 2014. *Philippines Conditional Cash Transfer Programme: impact evaluation 2012*. Washington, DC, World Bank. (available at http://hdl.handle.

net/10986/13244); Blankenship, J., Owen, J. & Villanueva, R. 2020. *The Social Protection Pathways to Nutrition. A stock taking of evidence in Asia and the Pacific*. UNICEF East Asia and the Pacific—Policy working paper EAPWP/02/2020.

163 World Bank. 2011. *Programme Keluarga Harapan: Main Findings from the Impact Evaluation of Indonesia's Pilot Household Conditional Cash Transfer Programme*. Jakarta, World Bank; Glassman, A., Duran, D., Fleisher, L., Singer, D., Sturke, R., Angeles, G., Koblinsky, M., et al. 2013. Impact of Conditional Cash Transfers on Maternal and Newborn Health. *Journal of Health, Population and Nutrition*, 31 (4 Suppl 2): S48-S66 [onlince]. [Cited 30 November 2020]. https://www.ncbi.nlm.nih.gov/pmc/articles/PMC4021703/; Adhikari, T.P., Thapa, F.B., Tamrakar. S., Magar, P.B., Hagen-Zanker, J. & Babajanian, B. 2014. *How does social protection contribute to social inclusion in Nepal? Evidence from the Child Grant in the Karnali Region*. London, Oversees Development Institute (ODI); Tim Nasional Percepatan Penanggulangan Kemiskinan (TNP2K). 2015. *Evaluating Long Term Impact of Indonesia's CCT Programme: Evidence from a Randomized Control Trial;* Blankenship, J., Owen, J. & Villanueva, R. 2020. *The Social Protection Pathways to Nutrition. A stock taking of evidence in Asia and the Pacific*. UNICEF East Asia and the Pacific—Policy working paper EAPWP/02/2020.

164 FAO. 2015. *Social Protection and Nutrition*. Rome. (available at http://www.fao.org/3/a-i4819e.pdf).

165 FAO, UNICEF, WFP & WHO. 2019. *Placing Nutrition at the Centre of Social Protection. Asia and the Pacific Regional Overview of Food Security and Nutrition 2019*. Bangkok. (available at http://www.fao.org/documents/card/en/c/ ca7062en/); Blankenship, J., Owen, J. & Villanueva, R. 2020. *The Social Protection Pathways to Nutrition. A stock taking of evidence in Asia and the Pacific*. UNICEF East Asia and the Pacific—Policy working paper EAPWP/02/2020.

166 Ahmed, A., Quisumbing, A., Nasreen, M., Hoddinott, J. & Bryan, E. 2009. *Comparing food and cash transfers to the ultra poor in Bangladesh*. IFPRI Research Monograph No. 163. Washington, DC, International Food Policy Research Institute (IFPRI); PIDS. 2020. *Pantawid Pamilyang Pilipino Programme Third Wave Impact Evaluation (IE Wave 3): Regression Discontinuity Report*. Manila, PIDS.

167 WFP. *Fill the Nutrient Gap, 8 countries in Asia and Pacific* [online]. [Cited 03 December 2020]. https://www.wfp.org/ publications/2020-fill-nutrient-gap.

168 在斯里兰卡，采取为孕妇和哺乳期妇女每月提供食品或现金的方案；在孟加拉国，采取孕产妇和儿童福利方案。

169 Blankenship, J., Owen, J. & Villanueva, R. 2020. *The Social Protection Pathways to*

Nutrition. A stock taking of evidence in Asia and the Pacific. UNICEF East Asia and the Pacific—Policy working paper EAPWP/02/2020; Slater, R., R. Holmes and N. Mathers. 2014. Food and Nutrition (in-) Security and Social Protection, OECD Development Co-operation Working Papers, No. 15, OECD Publishing [online]. [Cited 30November 2020]. http://dx.doi.org/ 10.1787/5jz44w9ltszt-en; FAO. 2015. *Social Protection and Nutrition*. Rome. (available at http://www.fao.org/3/ a-i4819e.pdf).

170 World Bank. 2012. *PKH Conditional Cash Transfer*. Jakarta, World Bank (available at https://openknowledge. worldbank.org/handle/10986/26697).

171 Cahyadi, N., Hanna, R., Olken, B.A., Prima, R.A., Satriawan, E. & Syamsulhakim, E. 2018. *Cumulative impacts of conditional cash transfer programmes: experimental evidence from Indonesia, TNP2K working paper 4*. Jakarta. (available at http://www.tnp2k.go.id/ download/9759 Working%20Paper%20Cumulative%20Impacts%20of%20 Conditional%20 Cash%20Transfer%20Programs.pdf; World Bank. 2014. *Philippines Conditional Cash Transfer Programme: impact evaluation 2012*. Washington, DC, World Bank. (available at http://hdl.handle.net/10986/ 13244).

172 Innovations for Poverty Action (IPA) & Save the Children. 2019. *LEGACY Programme Randomized Controlled Trial, Endline Report* [online]. [Cited 30 November 2020]. https:// www.lift-fund.org/sites/lift-fund.org/files/publication/ MCCT RCT full report.pdf.

173 Adhikari, T.P., Thapa, F.B., Tamrakar. S., Magar, P.B., Hagen-Zanker, J. and Babajanian, B. 2014. *How does social protection contribute to social inclusion in Nepal? Evidence from the Child Grant in the Karnali Region*. London, Oversees Development Institute (ODI).

174 World Bank. 2011. *Program Keluarga Harapan. Main Findings from the Impact Evaluation of Indonesia's Pilot Household Conditional Cash Transfer Program*. http://documents1. worldbank.org/curated/en/589171468 266179965/pdf/725060WP00PUBL0luation0Report0 FINAL.pdf.

175 FAO, IFAD, UNICEF, WFP & WHO. 2018. *The State of Food Security and Nutrition in the World 2018. Building climate resilience for food security and nutrition*. Rome, FAO. (available at http://www.fao.org/3/I9553EN/i9553en.pdf); Alderman, H. 2009. Safety nets can help address the risks to nutrition from increasing climate variability. *The Journal of Nutrition*, 140(1): 148S-152S [online]. [Cited 30 November 2020]. https://doi. org/10.3945/jn.109.110825; Ruel, M.T., Alderman, H. & Maternal and Child Nutrition Study Group. 2013. Nutrition-sensitive interventions and programmes: how can they help to accelerate progress in improving maternal and child nutrition? *The Lancet*, 382(9891): 536-551[online]. [Cited 30 November 2020]. https://doi.org/10.1016/S0140-6736(13)60843-0.

176 WFP & Oxford Policy Management (OPM). 2019. *Strengthening the capacity of ASEAN Member States to design and implement risk-informed and shock-responsive social protection systems for resilience—Synthesis Report*. (available at https://www.opml.co.uk/ files/Publications/ a2475-asean-member-states/asean-synthesis-report-final-june2019. pdf?noredirect=1).

177 ILO. 2020. *Social protection responses to the Covid-19 crisis. Country responses in Asia and the Pacific* [online]. [Cited 30 November 2020]. https://www.ilo.org/wcmsp5/ groups/ public/---asia/---ro-bangkok/documents/briefingnote/ wcms_739587.pdf.

178 Asian Development Bank (ADB). 2020. An Updated Assessment of the Economic Impact of COVID-19. Manila, ADB. (available at https://www.adb.org/publications/ updated-assessment-economic-impact-covid-19).

179 Nawaz, M.S., Newar, M. & O'Connor, C. 2020. Improving social protection programmes to support mothers and young children's diets in Bangladesh: Combining cash transfers with behaviour change. *Nutrition Exchange*, Nutrition Exchange Asia 2:22 [online]. [Cited 30 November 2020]. www.ennonline.net/nex/southasia/2/bangladesh.

180 Khan, G.N., Kureishy, S., Akbar, N., Nasir, M., Hussain, M., Ahmed, I., Bux, R., Rizvi, A., Ullah, A., Hussain, A., Garzon, C., Bourdaire, J., Syed, M.H., Nishtar, S., de Pee, S., Cousens, S. & Soofi, S. 2019. *A Stunting Prevention Cluster Randomized Controlled Trial: Leveraging the Social Protection System to Prevent Stunting in District Rahim Yar Khan, Punjab*. Pakistan. Islamabad/Bangkok, World Food Programme. (available at https://www. aku.edu/coe-wch/ Documents/Stunting%20Prevention%20Trial%20Report.pdf).

181 Government of Pakistan & UNICEF Pakistan. 2011. *National Nutrition Survey Pakistan 2011*. (available at https://www.mhinnovation.net/sites/default/files/ downloads/innovation/ research/Pakistan%20National%20 Nutrition%20Survey%202011.pdf).

182 Ministry of Planning, Development and Reform, Pakistan & WFP. 2017. *The Economic Consequences of Undernutrition in Pakistan: An Assessment of Losses*. (available at https:// www.pc.gov.pk/uploads/report/ Economic_Consequences.pdf).

183 Gentilini, U., Almenfi, M., Dale, P., Lopez, A.V., Mujica, I.V., Quintana, R. & Zafar, U. 2020. *Social Protection and Jobs Responses to COVID-19: A Real-Time Review of Country Measures, "Living paper" version 11. (12 June 2020)*. Washington, DC. World Bank. (available at https://openknowledge.worldbank.org/handle/10986/33635).

184 Bhutta, Z.A., Ahmed, T., Black, R.E., Cousens, S., Dewey, K., Giugliani, E., et al. 2008. What works? Interventions for maternal and child undernutrition and survival. *The Lancet*, 371(9610):417-440 [online]. [Cited 30 November 2020]. https://doi.org/10.1016/ S0140-6736(07)61693-6.

185 Bundy, D. A. P., de Silva, N., Horton, S., Jamison, D.T. & Patton, G.C. eds. 2017. *Disease Control Priorities (third edition): Volume 8, Child and Adolescent Health and Development.* Washington, DC: World Bank. (available at https://resourcecentre.savethechildren.net/sites/default/files/ documents/dcp3_cahd_front_matter.pdf).

186 Kassebaum, N.J., Barber, R.M., Bhutta, Z.A., Dandona, L,, Gething, P.W., Hay, S.I., et al. 2016. Global, regional, and national levels of maternal mortality, 1990-2015: a systematic analysis for the Global Burden of Disease Study 2015. *The Lancet*, 388(10053):1775-1812 [online]. [Cited 30 November 2020]. https://doi.org/10.1016/ S0140-6736(16)31470-2; Drake L, Fernandes M, Aurino E, et al. Bundy DAP, de Silva N, Horton SE, Jamison DT, Patton GC, eds. 2017. *Child and Adolescent Health and Development, 3rd Edition. Disease Control Priorities, Volume 8, Chapter 12: School Feeding Programs in Middle Childhood and Adolescence.* Washington, DC, World Bank. (available at https://www.ncbi.nlm.nih.gov/books/ NBK525240/).

187 定义为10～19岁。

188 Dewey K. G. & Huffman, S.L. 2009. Maternal, infant, and young child nutrition: Combining efforts to maximize impacts on child growth and micronutrient status. *Food Nutrition Bulletin*, 30(2 suppl):S187-9 [online]. [Cited 30 November 2020]. https://doi.org/10.1177/15648265090302S201.

189 Bhutta, Z.A., Das, J.K., Rizvi, A., et al. 2013. Evidence-based interventions for improvement of maternal and child nutrition: what can be done and at what cost? *The Lancet*, 382(9890):452-477 [online]. [Cited 30 November 2020]. https://doi.org/10.1016/ S0140-6736(13)60996-4.

190 Aguayo, V. & Paintal, K. 2017. Nutrition in adolescent girls in South Asia. the BMJ. 357:j1309 [online]. [Cited 30 November 2020]. https://doi.org/10.1136/bmj.j1309.

191 UNICEF. 2019. *The State of the World's Children 2019: Children, food and nutrition: Growing well in a changing world.* New York. (available at https://www.unicef.org/reports/state-of-worlds-children-2019); Mistry, S.K. & Puthussery, S. 2015. Risk factors of overweight and obesity in childhood and adolescence in South Asian countries: a systematic review of the evidence. *Public Health*, 129(3): 200-209 [online]. [Cited 30 November 2020]. https://doi.org/10.1016/j.puhe.2014.12.004.

192 UNICEF. 2019. *The State of the World's Children 2019: Children, food and nutrition: Growing well in a changing world.* New York. (available at https://www.unicef.org/ reports/state-of-worlds-children-2019).

193 按照体重指数测量标准，消瘦标准为BMI <18 kg/m^2。

194 按照体重指数测量标准，超重标准为BMI >25 kg/m^2。

195 UNICEF. 2019. *The State of the World's Children 2019: Children, food and nutrition: Growing well in a changing world*. New York. (available at https://www.unicef.org/ reports/ state-of-worlds-children-2019).

196 WHO WPRO. 2017. *Overweight and obesity in the Western Pacific Region*. Manila, Philippines. Licence: CC BY-NC-SA 3.0 IGO. (available at http://iris.wpro.who.int/ handle/10665.1/13583).

197 Herring, S.J. & Oken, E. 2010. Obesity and diabetes in mothers and their children: Can we stop the intergenerational cycle? *Current Diabetes Reports*, 11:20-27 [online]. [Cited 30 November 2020]. https://www.ncbi.nlm.nih.gov/ pmc/articles/PMC3191112/; Yu, Z.B., Han, S.P., Zhu, J.G., Sun, X.F., Ji, C.B. & Guo X.R. 2013. Pre-pregnancy body mass index in relation to infant birth weight and offspring overweight/obesity: a systematic review and meta-analysis. *PLoS One*, 8(4):e61627 [online]. [Cited 30 November 2020]. https://doi. org/10.1371/journal.pone.0061627.

198 Young, M., Nguyen, P.H., Casanova, I.G., Addo, O.Y., Tran, L.M., Nguyen, S., Martorell, R. & Ramakrishnan, U. 2018. Role of maternal preconception nutrition on offspring growth and risk of stunting across the first 1 000 days in Vietnam: A prospective cohort study. *PLoS One*, 13(8): e0203201 [online]. [Cited 30 November 2020]. https://doi.org/10.1371/journal. pone.0203201.

199 按照体重指数测量标准，消瘦标准为BMI <18 kg/m^2。

200 Torlesse, H. & Aguayo, V.M. 2018. Aiming higher for maternal and child nutrition in South Asia. *Maternal & Child Nutrition*. 2018. 14(S4):e12739 [online]. [Cited 30 November 2020]. https://doi.org/10.1111/mcn.12739.

201 Alderman. H. & Heady, D.D. 2017. How Important is Parental Education for Child Nutrition? *World Development*, 94:448-464 [online]. [Cited 30 November 2020]. https:// doi.org/10.1016/j.worlddev.2017.02.007.

202 青少年生育率是指在15～19岁生育婴儿的女孩比率。

203 包括以下国别：阿富汗、孟加拉国、不丹、印度、马尔代夫、尼泊尔、巴基斯坦、斯里兰卡、青少年生育率为每1 000名15～19岁女孩中有16人。东亚太平洋国家包括：澳大利亚、文莱达鲁萨兰国、柬埔寨、中国、库克群岛、朝鲜、斐济、印度尼西亚、日本、基里巴斯、老挝、马来西亚、马绍尔群岛、密克罗尼西亚（联邦）、蒙古国、缅甸、瑙鲁、新西兰、纽埃、帕劳、巴布亚新几内亚、菲律宾、韩国、萨摩亚群岛、新加坡、所罗门群岛、泰国、东帝汶、托克劳、汤加、图瓦卢、瓦努阿图、越南。

204 UNICEF. 2019. *The State of the World's Children 2019: Children, food and nutrition: Growing well in a changing world*. New York. (available at https://www.unicef.org/ reports/

state-of-worlds-children-2019).

205 青少年结婚在该地区很普遍。总体而言，30%的南亚女孩、近20%的中东（包括北非）女孩和7%的东亚15～19岁女孩已经结婚或同居。在一些国家，如孟加拉国，有强大的家庭和文化压力，要求女孩早婚，因此该国有44%的15～19岁的女孩已经结婚或同居。UNICEF. 2019. *The State of the World's Children 2019: Children, food and nutrition: Growing well in a changing world*. New York. (available at https://www.unicef. org/reports/state-of-worlds-children-2019).

206 Thurnham, D. 2014. Nutrition of adolescent girls in low-and middle-income countries. *Sight and Life*, 27:26-37 [online]. [Cited 30 November 2020]. https://issuu.com/ sight_and_ life/docs/sight_and_life_27_3_2013.

207 Bundy, D. A. P., de Silva, N., Horton, S., Jamison, D.T. & Patton, G.C. eds. 2017. *Disease Control Priorities (third edition): Volume 8, Child and Adolescent Health and Development*. Washington, DC: World Bank. (available at https://resourcecentre.savethechildren.net/ sites/default/files/ documents/dcp3_cahd_front_matter.pdf); United Nations System Standing Committee on Nutrition (UNSCN). 2017. *Discussion paper: Schools as a System to Improve Nutrition A new statement for school-based food and nutrition interventions*. (available at: https://www.unscn.org/uploads/ web/news/document/School-Paper-EN-WEB-8oct.pdf); FAO. 2019. Strengthening Sector Policy—Education. Policy Guidance Note 13. FAO, Rome. (available at http://www.fao.org/3/ca7149en/ca7149en.pdf).

208 UNSCN. 2017. *Discussion paper: Schools as a System to Improve Nutrition A new statement for school-based food and nutrition interventions*. (available at: https://www. unscn. org/uploads/web/news/document/School-Paper-EN-WEB-8oct.pdf); UNICEF. 2016. *Improving Nutrition in adolescents and school-age children. A toolkit to provide guidance and recommendations for school-based interventions*. Bangkok, UNICEF.

209 FAO. 2010. *A diamond among the rocks of slopy hills of Mae Hong Son: Wanaluang School—a sustainable model of school gardens. A case study*.

210 Bundy, D., Burbano, C., Grosh, M., Gelli, A., Jukes, M. & Drake, L. 2009. *Rethinking School Feeding: Social Safety Nets, Child Development, and the Education Sector. Directions in Development ; human development*. Washington, DC, World Bank. (available at https://openknowledge.worldbank.org/ handle/10986/2634); Drake, L., Woolnough, A., Burbano, C & Bundy, D. 2016. *Global School Feeding Sourcebook: Lessons from 14 Countries*. London, Imperial College Press. (available at https://openknowledge.worldbank. org/handle/ 10986/24418).

211 UNICEF. 2019. *The State of the World's Children 2019: Children, food and nutrition: Growing well in a changing world*. New York. (available at https://www.unicef.org/ reports/

state-of-worlds-children-2019).

212 Watkins, KL, Bundy, DAP, Jamison, DT, Fink, G, and Georgiadis, A. Bundy DAP, de Silva N, Horton SE, Jamison DT, Patton GC, eds. 2017. *Child and Adolescent Health and Development, 3rd Edition. Disease Control Priorities, Volume 8, Chapter 8: Evidence of Impact of Interventions on Health and Development during Middle Childhood and School Age*. Washington, DC, World Bank. (available at https://www.ncbi.nlm.nih.gov/books/NBK525230/).

213 Drake L, Fernandes M, Aurino E, et al. Bundy DAP, de Silva N, Horton SE, Jamison DT, Patton GC, eds. 2017. *Child and Adolescent Health and Development, 3rd Edition. Disease Control Priorities, Volume 8, Chapter 12: School Feeding Programs in Middle Childhood and Adolescence*. Washington, DC, World Bank. (available at https://www.ncbi.nlm.nih.gov/books/NBK525240/; Soekarjo, D.D., Shulman, S., Graciano. F. & Moench-Pfanner, R. 2014. *Improving nutrition for adolescent girls in Asia and the Middle East: Innovations are needed, Conference paper*. Innovation Working Group Asia and One Goal.

214 Bhutan Ministry of Health, WHO & UNICEF. 2016. *National Health Promotion Strategic Plan 2015-2023*. Thimphu, Bhutan. (available at http://old.aidsdatahub.org/ sites/default/files/publication/Bhutan_National_Health_ Promotion_Strategic_Plan_2015-2023_2016.pdf); Department of Youth and Sports, Bhutan Ministry of Education. 2015. *National Strategic Framework for School Sports and Physical Activity (NSFSSPA)*. Thimphu, Bhutan. (available at https://www.dys.gov.bt/wp-content/ uploads/2016/05/NSFSSPA.pdf).

215 WHO. 2005. Expert Meeting on Childhood Obesity, Kobe, Japan, 20-24 June 2005 [online]. [Cited 30 November 2020]. https://www.who.int/nmh/media/ obesity_expert_meeting/en/; WHO. 2010. *Briefing presentation on Nutrition-Friendly School Initiative* [online]. [Cited 30 November 2020]. https://www.who.int/nutrition/ topics/NFSI_Briefing_presentation.pdf?ua=1; UNICEF & WFP. 2005. *The Essential Package: 12 interventions to improve the health and nutrition of school-age children* [online]. [Cited 30 November 2020]. https://documents.wfp.org/ stellent/groups/public/documents/newsroom/wfp212806. pdf; UNSCN. 2017. *Discussion paper: Schools as a System to Improve Nutrition A new statement for school-based food and nutrition interventions*. (available at: https://www.unscn. org/uploads/web/news/document/School-Paper-EN-WEB-8oct.pdf); Drake, L., Woolnough, A., Burbano, C. & Bundy, C. 2016. *Global School Feeding Sourcebook: Lessons from 14 Countries*. London, Imperial College Press. (available at https://openknowledge. worldbank.org/handle/10986/ 24418); Murimi, M., Chrisman, M., McCollum, H.R. & Mcdonald, O. 2016. A Qualitative Study on Factors that Influence Students' Food Choices. *Journal of Nutrition & Health*, 2(1) [online]. [Cited 30 November 2020]. https://www.

avensonline.org/wp-content/uploads/JNH-2469-4185-02-0013.pdf; Lamstein, S., Stillman, T., Koniz-Booher, P., Aakesson, A., Collaiezzi, B., Williams, T., Beall, K. & Anson, M. 2014. *Evidence of Effective Approaches to Social and Behavior Change Communication for Preventing and Reducing Stunting and Anemia: Report from a Systematic Literature Review*. Arlington, VA: USAID/ Strengthening Partnerships, Results, and Innovations in Nutrition Globally (SPRING) Project. (available at https://www.spring-nutrition.org/sites/ default/files/ publications/series/spring_sbcc_lit_review.pdf).

216 WHO. 2018. *Global nutrition policy review 2016-2017: country progress in creating enabling policy environments for promoting healthy diets and nutrition*. Geneva. (available at https://www.who.int/publications/i/item/9789241514873).

217 FAO. 2019. Strengthening Sector Policy—Education. Policy Guidance Note. FAO, Rome. (available at http://www.fao.org/3/ca7149en/ca7149en.pdf).

218 United Nations Educational, Scientific and Cultural Organization (UNESCO). 2020. *COVID-19 Impact on Education* [online]. [Cited 29 July 2020]. https://en.unesco. org/ covid19/educationresponse.

219 WFP. 2020. *Global Monitoring of school meals during COVID 19 school closures* [online]. [Cited 29 July 2020]. https://cdn.wfp.org/2020/school-feeding-map/index.html.

220 UNICEF, WFP, FAO & WHO. 2020. Joint statement on nutrition in the context of the COVID pandemic in Asia and the Pacific UN agencies on the nutritional impacts of COVID-19 [online]. [Cited 30November 2020]. https://www.unicef.org/eap/joint-statement-nutrition-context-covid-19-pandemic-asia-and-pacific.

221 UNICEF. 2016. *Improving Nutrition in adolescents and school-age children. A toolkit to provide guidance and recommendations for school-based interventions*. UNICEF, Bangkok.

222 UNSCN. 2017. *Discussion paper: Schools as a System to Improve Nutrition A new statement for school-based food and nutrition interventions*. (available at: https://www. unscn.org/uploads/web/news/document/ School-Paper-EN-WEB-8oct.pdf).

图书在版编目（CIP）数据

2020年亚洲及太平洋区域粮食安全和营养概况：以改善孕产妇和儿童饮食营养为核心/联合国粮食及农业组织等编著；宋雨星等译.—北京：中国农业出版社，2022.12

（FAO中文出版计划项目丛书）

ISBN 978-7-109-30322-5

Ⅰ.①2… Ⅱ.①联… ②宋… Ⅲ.①粮食安全—研究—亚太地区—2020②饮食营养学—研究—亚太地区—2020 Ⅳ.①F316.11②R155.1

中国国家版本馆CIP数据核字（2023）第006279号

著作权合同登记号：图字01-2022-3997号

2020年亚洲及太平洋区域粮食安全和营养概况
2020NIAN YAZHOU JI TAIPINGYANG QUYU LIANGSHI ANQUAN HE YINGYANG GAIKUANG

中国农业出版社出版

地址：北京市朝阳区麦子店街18号楼

邮编：100125

责任编辑：闫保荣

版式设计：王 晨 责任校对：刘丽香

印刷：北京通州皇家印刷厂

版次：2022年12月第1版

印次：2022年12月北京第1次印刷

发行：新华书店北京发行所

开本：700mm×1000mm 1/16

印张：8.25

字数：160千字

定价：88.00元